기초 커트

Basic Cut

지정훈 · 김선영

청구문화사

머리말

모든 인간은 아름다워지기를 갈망하고 그 욕구를 충족하기 위한 세부적인 전문 인력들을 요구하고 있다. 현대에서의 미용은 그 욕구를 충족시킬 수 있는 충분한 전문적인 기술을 가지고 있으며, 그 중 헤어커트는 조형예술로서의 꽃이라 여겨진다.

헤어 과목 중 커트는 조형예술로서 전문성을 요구하고 있는 기술 중 가장 어려운 한 분야로 디자이너로 승급할 수 있는 중요한 요소로 활용되어 질 만큼 전문성과 기술력을 필요로 하고 있다. 헤어커트는 두상의 이해와 커트의 기본지식, 창의력을 토대로 고객의 욕구의 맞게 조각하고, 다듬어, 아름다움을 표현함으로서, 인간의 본성을 충족하기 위해 많은 노력이 필요로 하는 과목이다.

이 책은 커트의 이론적인 부분과 실기적인 부분으로 나누어져 있으며, 이론에서는 커트의 역사, 두상의 이해, 커트의 도구, 커트의 이해, 커트의 절차로 나누어져 커트를 하면서 알아야 할 기본적인 지식을 수록하였으며, 실기적인 부분에서는 커트의 4가지 기본형인 솔리드, 그래쥬에이션, 인크리스, 유니폼으로 나누어져 실질적으로 커트를 하는 가장 기본적인 테크닉을 수록하였으며, 또한 미용사 시험커트의 유형인 스파니엘, 이사도라, 그래쥬에이션, 레이어, 재커트가 수록되어 있다.

이 책은 가장 기본적인 커트의 지식을 다루어, 미용학을 공부하는 학생들에게 쉽게 전달하고자 하였으며, 이 책이 밑거름이 되어 앞으로 미용학을 발전시킬 수 있는 초석이 되어 전문미용인이 되는데 도움이 되었으면 하는 바램 이다.

또한 이 책을 제작하는 데 도움을 주신 모든 분과 사진촬영을 도와준 김지연 선생님에게 깊은 감사의 마음을 전하며 미약하지만 출판에 도움을 주신 관계자 여러분의 노고에 다시 한 번 감사를 드린다.

2016년 2월

저자일동

목 차

I 커트의 역사

1. 한국의 커트 역사

2. 서양의 커트 역사

3. 연도별 커트 역사

Ⅰ. 커트의 역사

1. 서양의 커트 역사

서양은 B.C 1900년 헤브라이(Hebrew)족이 죄인을 처벌할 때 두발을 삭발시키는 것이 이용의 시초이며, 전쟁을 통한 치료 목적의 의해 두발과 수염 자르기 등으로 의약분야인 외과의에서 분리, 발전하여 현재에 이르렀다.

15세기 외과의사는 고객의 헤어, 면도, 샴푸, 목욕까지 영역을 넓혀 시술하였으며, 수술을 하게 될 때에는 헤어를 자른 후에 목욕을 반드시 시켰다. 이발사들에게도 가발 만드는 일과 사소한 수술을 하도록 허락하였으며 마사지도 병행하게 되었다. 하지만 목욕을 하지 않은 이발사들에게는 머리조차 허용하지 않아 청결을 중시하였으며, 출장일과 shop을 경영하며 외과의사보다 존경받기 위해 노력하였다. 이에 기술을 연마하기 위해 세인트 코스마스 협회에 의해 1250년 이발사를 위한 학교가 설립되었다. 규칙에 따라 4년간 수련과정을 거쳤으며, 직업의 표시로서 현재와 같은 사인볼을 shop 밖에 걸어두었다.

외과 의사들은 신체를 다루는 직업으로 사형 집행 전 사형수의 목을 면도해 주었으며 1545년에는 "총상과 그 치료법"의 저자 안드레아스 페레는 파리의 이용사 대표 겸 외과의사로 불리어졌다고 한다.

1914년 제1차 세계대전을 통해 계급계층이 무너졌으며, 많은 사람들이 남·여를 막론하고 공장으로 나와 일을 하지 않으면 안 되었다. 이로 인해 복식, 헤어 등 여러 분야의 많은 영향을 주었으며, 단순하고 손질이 편리한 스타일이 유행되면서 근대적인 헤어커트가 시작되었다. 헤어커트의 역사를 살펴보면 VIDAL SASSOON은 1960년 많은 작품에서 기하학적 표현으로 절제와 자유를 넘나드는 예술적 감각을 느끼게 해 주었으며, 모발은 움직임에 의해 다루어져야 한다는 유기적 요소를 통해 기술적 관점의 자르는 것(Cut) 보다 하나의 형태 즉 모양(Hair Design)의 획기적인 전환을 의미하였으며 양감의 움직임을 부여하여 헤어가 자유롭게 흔들려도 형태를 유지하도록 모형을 창조하고 모발 자체의 선천적 구조를 연구하였다. 이는 미적관점으로 볼 때 시각적 접근방법은 혁명의 시작이었다.

2. 한국의 커트 역사

우리나라는 유교사상을 기본으로 부모님에게 물려받은 것을 소중히 여기며 머리를 길게 땋아 틀어 올리는 형태를 하였으나, 일제의 침략에 의해 1895년 11월 15일(고종32년)에 일본에서 단발령(斷髮令)을 선포하였다. 고종이 머리카락을 자르면서 국민들에게 동참하도록 선포하자 거부하는 사람들이 많아졌으며, 이로 인해 일본에서는 일제히 단발을 단행하며 상투를 하던 풍습을 없애고 국민성을 저지시키려는 목적을 가지고 전국으로 체두관(剃頭官) 보내어 강제적으로 상투를 잘랐다. 당시 최초의 이용사인 안종호 옹은 전라도 완주군수를 18세에 역임, 세자와 귀족을 가르치는 정상품독(正三品讀)에 올랐으며, 신문화 운동의 방역회(防疫會)를 조직하여 태평로와 세종로에 이용원을 최초로 경영하였다. 또한 직업 여성들이 많던 진고개에는 일본인이 경영하는 미용실들이 상권을 이루었으며, 1920년대 김활란여사의 단발머리가 유행하게 되자 여성의 혁신적인 변화와 함께 한국의 커트의 디자인 역사가 시작 되었다. 1930년에는 일본에서 돌아온 오엽주가 최초로 화신 백화점에 미장원을 개설하였으며, 미용학교도 설립하여 현대 미용 발전의 초석을 이루었다.

3. 연도별 커트 역사

(1) 1960년 이전

주로 사용된 도구는 가위, 레져를 이용한 스트록 커트의 한 형태로 가위를 쥐는 방법도 정해져 있지 않았으며, 형태를 만들어 커트를 한다는 개념이 아닌 마무리를 위한 커트시대였다.

(2) 1960~1990년 이전

길이의 구상 등 기술을 볼 수 있는 시대로 커트 형태를 위해 가위의 사용방법, 가위의 움직이는 방법 등을 발전시켰으며, 미니가위를 이용한 브런트 커트를 함으로서 형태를 만드는 커트가 시작되었다.

(3) 1990년 이후

1990년 이후의 커트는 멋과 분위기를 표현할 수 있는 디자인 시대로 기술자의 감성을 통해 고객의 욕구를 충족시킬 수 있도록 펌과 컬러링을 보완하여, 새롭고 다양한 감성적인 헤어스타일을 표현하는 시대로 제품과 기구들의 발달로 인해 빠른 변화의 흐름이 시작되었다.

평가

1. 일본이 우리나라에 단발령을 선포한 이유에 대해 서술하시오.

II 두상의 이해

1. 두상의 라인

2. 두상의 포인트

Ⅱ. 두상의 이해

1. 두상의 라인

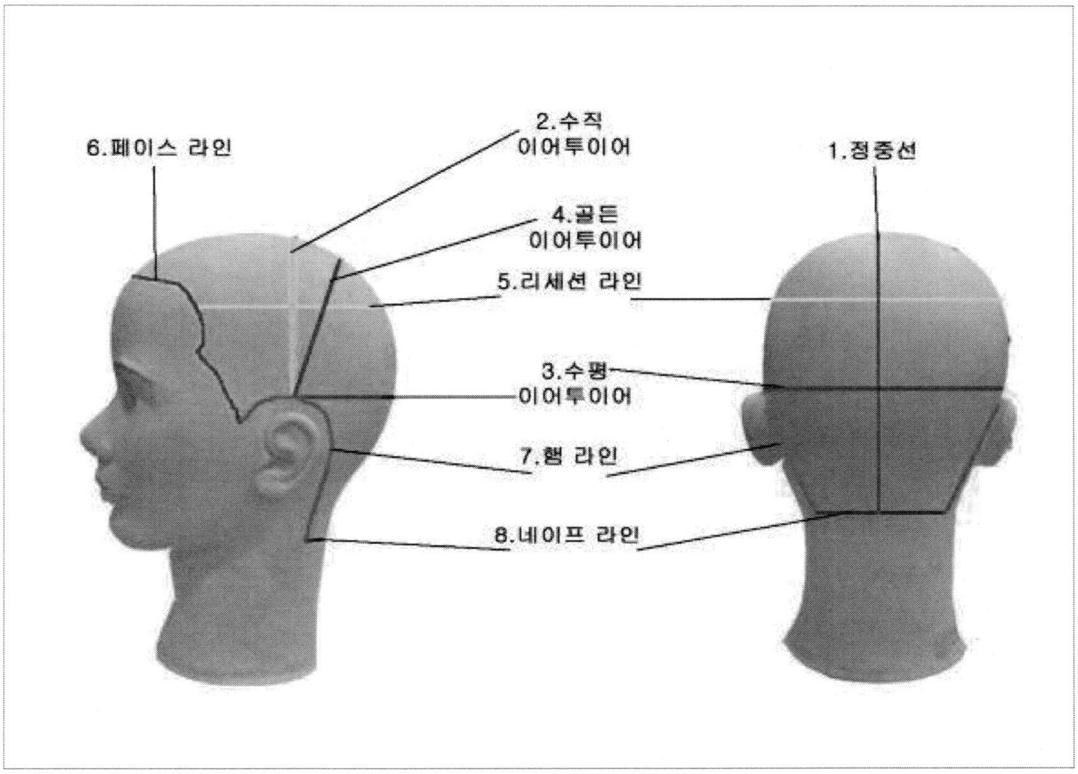

번호	명칭	설명
1	정중선	센타 라인(Center Line)
2	수직선	이어 투 이어라인(Ear to Ear Line)
3	수평선	이어 백 이어라인(Ear Back Ear Line)
4	사선	이어 골덴 이어라인(Ear Golden Ear Line)
5	리세션	리세션 섹션(Recession Section), 가장 두상에서 넓은 선
6	얼굴선	페이스라인(Face Line)
7	귀뒤선	햄라인(Hem Line)
8	목뒤선	네이프라인(Nape Line)

2. 두상의 포인트

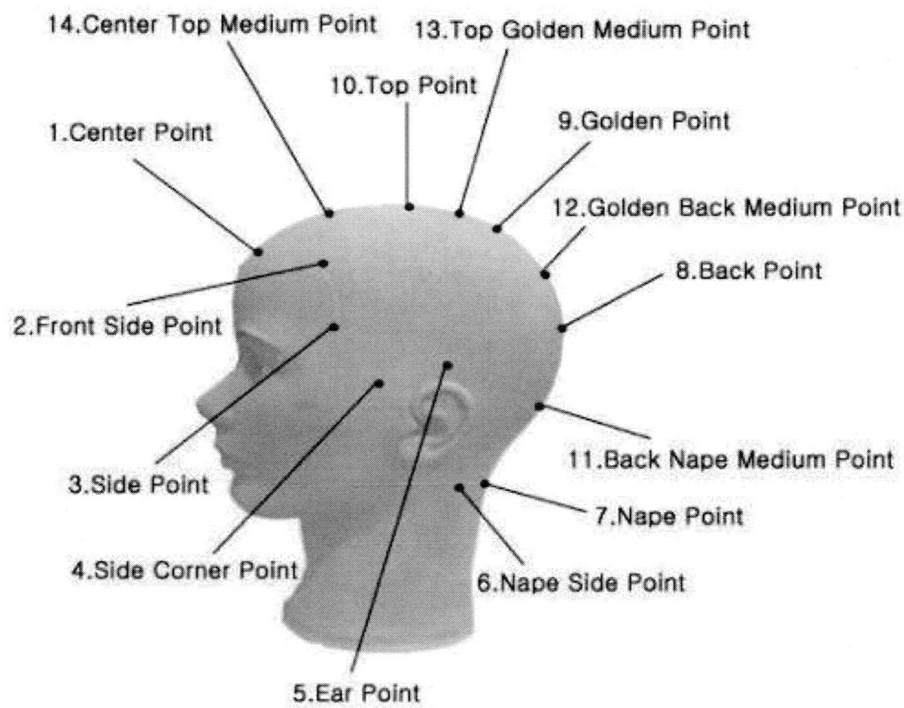

번호	명칭	설명
1	C.P	센타 포인트(Center Point)
2	F.S.P	프론트 사이드 포인트(Front Side Point)
3	S.P	사이드 포인트(Side Point)
4	S.C.P	사이드 코너 포인트(Side Corner Point)
5	E.P	이어 포인트(Ear Point)
6	N.S.P	네이프 사이드 포인트(Nape Side Point)
7	N.P	네이프 포인트(Nape Point)
8	B.P	백 포인트(Back Point)
9	G.P	골덴 포인트(Golden Point)
10	T.P	탑 포인트(Top Point)
11	B.N.M.P	백 네이프 미디엄 포인트(Back Nape Medium Point)
12	G.B.M.P	골덴 백 미디엄 포인트(Golden Back Medium Point)
13	T.G.M.P	탑 골덴 미디엄 포인트(Top Golden Medium Point)
14	C.T.M.P	센터 탑 미디엄 포인트(Center Top Medium Point)

평가

1. ( )에 명칭을 쓰시오.

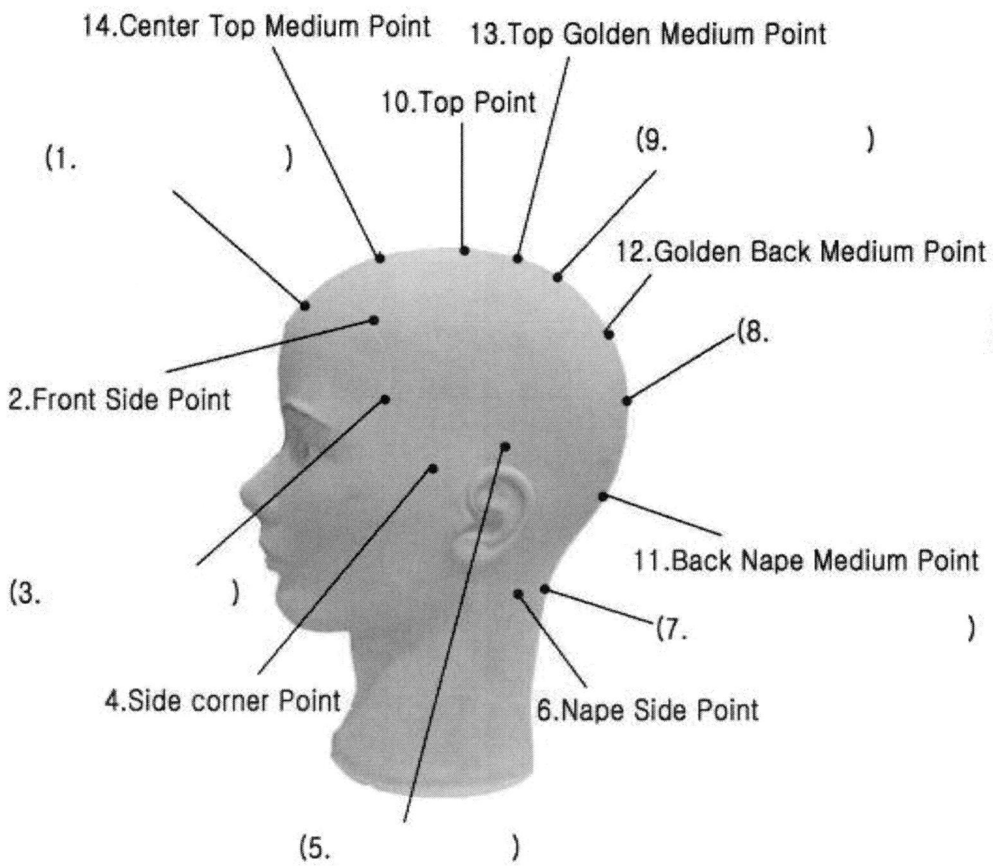
14.Center Top Medium Point
13.Top Golden Medium Point
10.Top Point
(1.)
(9.)
12.Golden Back Medium Point
(8.)
2.Front Side Point
11.Back Nape Medium Point
(3.)
(7.)
4.Side corner Point
6.Nape Side Point
(5.)

III 커트의 도구

1. 가위

2. 틴닝가위

3. 레이저

4. 클리퍼

5. 커트 시 필요 도구

6. 빗과 가위를 잡는 방법

Ⅲ. 커트의 도구

헤어디자이너로서의 도구는 중요한 요소이며, 형태선에 따라 적절한 도구의 선정, 사용 기법, 숙련도에 따라 결과가 다르게 표현되어 진다.

1. 가위(Scissors)

지레의 원리에 응용하여 두 날이 교차하여 지레의 받침점, 작용점, 힘점의 상호관계에 의하여 모발을 자르는 도구로서 길이와 재질, 사용목적에 따라 디자인을 결정하는 중요한 요소가 되는 헤어 커트 도구이다.

(1) 가위의 구조

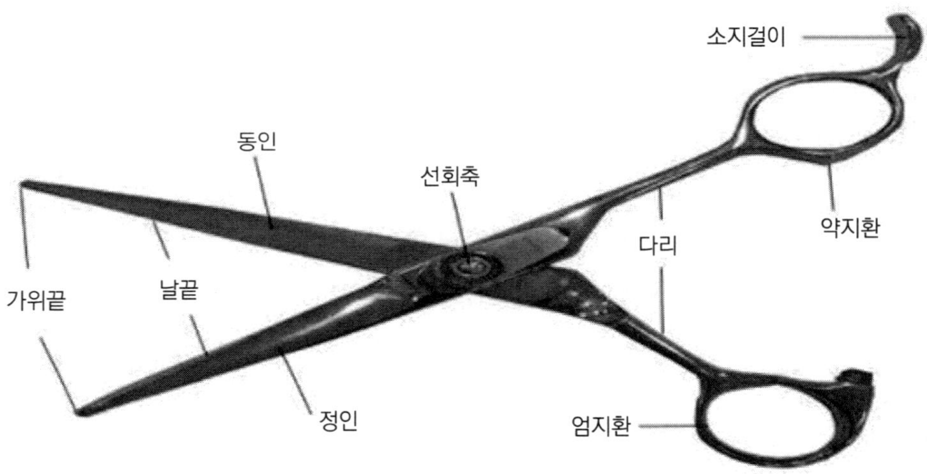

가위는 약지에 끼우는 정인(고정 날 still blade)과, 엄지에 끼우는 동인(유동 날moving blade), 그리고 선회축(pivot point)로 구성되어 있다.

① 가위 끝(edge point) : 정인과 동인의 앞쪽 끝 부분이다.
② 날 끝(cutting edge) : 정인과 동인의 안쪽 날 부분이다.
③ 정인(고정 날 still blade) : 가위 개폐 시 약지환이 들어가는 움직이지 않고 고정되는 날이다.
④ 동인(유동 날 moving blade) : 가위 개폐 시 엄지환에 의해 움직여서 커트 되는 날이다.
⑤ 선회축(pivot point) : 가위의 중심부로서 느슨하거나 조이게 하는 등 양쪽 날을 하나로 고정

시켜 주는 곳이다.
⑥ 다리 (shank) : 선회축 나사와 환 사이에 위치하며, 정도의 조작을 보조하는 곳이다.
⑦ 소지걸이(finger broce) : 정인과 약지환에 이어져 있으며 소지를 걸기 위한 곳이다.
⑧ 약지환(finger grip) : 정인에 연결된 고리로서 약지를 끼워 넣은 곳이다.
⑨ 엄지환(thumb grip) : 동인에 연결된 고리로서 엄지를 끼워 넣는 곳이다.

(2) 가위의 분류

1) 일반적 분류

① 커트용 가위 : 모발을 자를 때 사용하는 가위이다.
② 틴닝용 가위 : 모발의 양을 조절할 때 사용하는 가위이다.

2) 재질에 따른 분류

① 착강(着鋼)가위 : 날 부분과 몸체부분이 서로 다른 재질로서, 가위 날 부분은 특수강철, 몸체 부분은 연질강철로 되어 있다.
② 전강(全鋼)가위 : 날 부분과 몸체부분이 모두 특수강철로 되어 있다.

3) 길이에 따른 분류

① 소형(4~4.5 inch) : 섬세한 부분이나 정확한 부분에 사용되며, 손이 적은 사람에게 적합하다.
② 중형(5~6 inch) : 가장 일반적으로 많이 사용되는 가위이다.
③ 대형(7 inch) : 신속하게 자를 수 있는 장점이 있으나 정확도는 떨어지며, 손이 큰 사람에게 유리하다.

4) 사용목적에 따른 분류

① 블런트 커트용 : 직날로 되어 있으며, 손의 연장선을 따라 정확한 작업하기 편리하다.
② 스트록 커트용 : 곡선의 날 형태로 무게감을 이용하여 날끝을 사용하여 모발을 자르는 도구이다. 형태선과 질감처리를 동시에 할 수 있는 장점을 가지고 있다.

5) 생산방식에 의한 분류

① 주물가위 : 가위모양 틀에 쇳물을 부어 만든 가위이다.
② 단조가위 : 쇠를 달구어 해머 등의 도구를 사용하여 두들겨 만든 대장간 방식으로 만든 가위이다.
③ 포징가위 : 가위모양의 틀에 젤 상태로 만든 쇠를 넣어 압축하여 만든 가위이다.

④ 연마가위 : 철판을 연마하여 만든 가위이다.

6) 손잡이 모양에 의한 분류

① 스트레이트 형 : 정인과 동인의 손잡이 길이가 같은 가위이다.
② 옵셋 형 : 정인보다 동인의 손잡이가 짧은 가위이다.
③ 크렌 타입형 : 손잡이의 핸들이 휘어져 있는 가위이다.
④ 갈매기(낙타등)형 : 정인 손잡이가 갈매기(낙타등) 모양으로 생긴 가위이다.

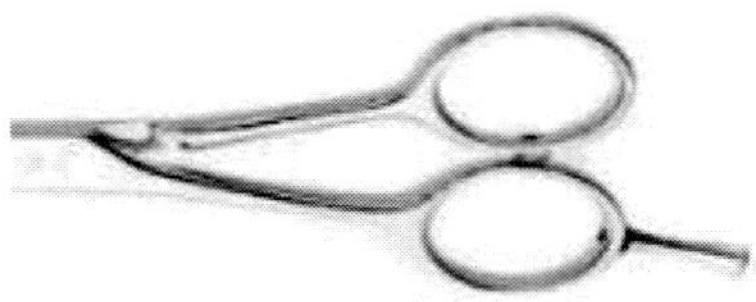

스트레이트 형

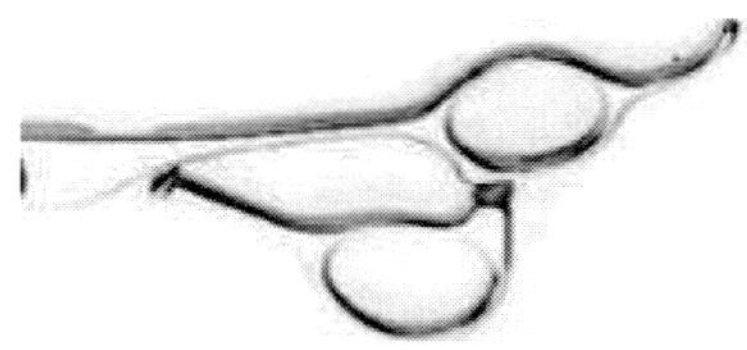

옵셋 형

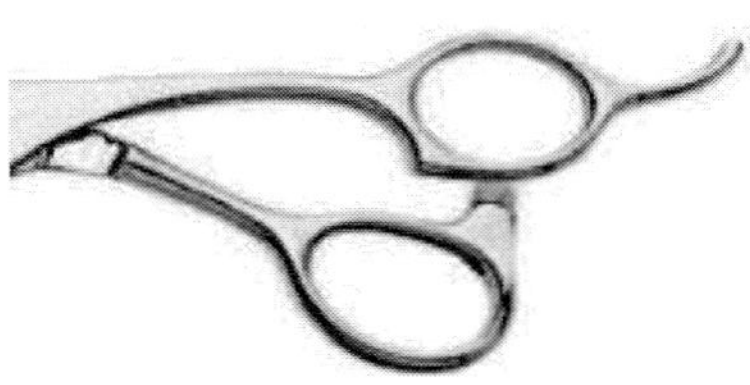

크렌 타입 형

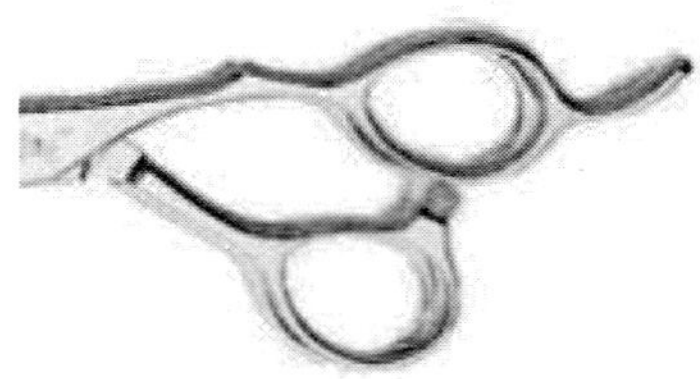

갈매기 형

7) 소지걸이 유무에 의한 분류

① 고정형 : 소지걸이가 정인의 일체형으로 고정되어 있는 가위이다.
② 탈착형 : 소지걸이가 정인에서 분리되는 가위이다.

8) 협신부의 형태에 의한 분류

① 하마구리형 : 날등이 둥근 조개 모양으로 되어 있는 가위이다.
② 검형 : 날등이 삼각형 모양으로 되어 있는 가위이다.
③ 단바형 : 날등이 밋밋하고 날 선에 각이 져 있는 가위이다.

하마구리형

검형

단바형

2. 틴닝가위

길이를 자르지 않고 모량을 조절하고 싶을 때 사용하며, 짧고 긴 길이의 규칙적인 교차를 만든다. 또한 밀집된 모류를 제거하며, 커트를 쉽게 진행하기 위해 사전 준비 작업, 또는 형태선을 자연스럽게 만들 때 사용된다.

(1) 틴닝의 분류

1) 톱니 날의 의한 분류

① 일면 톱니 날 : 한쪽에만 톱니 날로 되어 있는 형태로 한번의 작동 시 많은 양이 감소된다.
② 양면 톱니 날 : 양쪽 모두 톱니 날로 되어 있는 형태로 적은 양의 감소된다.

2) inch의 따른 분류

① 1/8 inch : 가위 날의 간격이 1/8 inch이며, 최소한의 모량이 감소된다.
② 1/16 inch : 가위 날의 간격이 1/16 inch이며, 일반적으로 사용되며, 무게감을 줄여주고, 생동감을 준다.
③ 1/32 inch : 가위 날의 간격이 1/32 inch이며, 촘촘하여 모량의 양이 많이 감소된다.

(2) 틴닝 사용 시 주의 점

1) 모근에 가깝게 틴닝을 하게 되면 자라나면서 더욱 더 지저분함으로 기본적으로는 모근에서 5~10cm 띄워서 틴닝 하여야 하지만 원하는 형태에 따라 사용방법이 틀리게 사용된다.
2) 헤어라인 쪽과 형태선 표면을 나타나는 부위에는 틴닝을 하지 않는다.
3) 모량을 많이 잡아 틴닝 하지 않는다.
4) 수직으로 넣지 않고 지그재그로 틴닝 해야 하지만 부분에 따라 모근을 감소, 증가, 세우고 싶을 때나 컬에 움직임에 따라 틴닝이 들어가는 위치나 모양이 달라져야 한다

(3) 틴닝의 사용법

1) 루트틴닝(Roots thinning)은 모류보정을 위해 모근의 뿌리쪽 0.5cm 이하로 틴닝을 하여 밀도가 높은 모량을 줄이거나 솎아낼 때 사용되는 테크닉이다. 모류의 반대방향으로 잡아 모류가 가려고 하는 성질을 없앤다.
2) 이너틴닝(Inner thinning)은 방향에 따라 이너그래쥬에이션과 이너레이어가 있으며, 이너그래쥬에이션은 모발이 3-8cm에서 기립 할려는 성질과 10-12cm의 C컬이 만들어지는 성질을 이

용하여 3-12cm 안에서 시술하여야 효과적이며, 양감조절을 하여 골격보정과 볼륨을 줄 때 사용되는 테크닉이다. 이너레이어는 양감을 줄이고 율동감을 살리는 장점을 이용하여 골격이 튀어나온 부분을 깍아낼 때 이용되며, 모발이 지저분하게 표현 될 수도 있으므로 조절하여 사용하여야 한다.

3) 라인틴닝은 움직임과 율동감을 표현할 때 사용되며 모발끝 10-15cm에서 사용되며, 사이드틴닝은 좌, 우의 움직임에 사용되며, 오버틴닝은 질감표현과 아웃컬을 원할 때, 언더틴닝은 볼륨과 인컬을 원할 때 사용된다.

3. 레이저

커트와 질감을 동시에 표현할 수 있는 도구로 모발의 끝을 붓끝처럼 가볍게 만들어 모발의 움직임을 표현할 수 있다. 그러나 모발의 표면을 긁어 자르므로 모발의 큐티클 층이 손상되기 쉬우므로 작업할 때에는 모발이 젖어 있는 상태에서 사용하여야 모발의 손상을 막을 수 있다., 또한 표현하고자 하는 커트형태에 따라 에칭기법과 아킹기법이 있다.

1) 에칭기법은 아웃컬을 만들 때 사용되며, 율동감과 운동감을 주어 안쪽머리는, 길게 바깥쪽머리는 짧게 만드는 형태의 레이어 커트를 만들 때 사용된다.
2) 아킹기법은 인컬의 볼륨을 주고자 할 때에 사용되며, 레이저를 모발의 안쪽에 놓고 호를 그리듯이 커트하여 안쪽의 모발은 짧고, 바깥쪽의 머리는 길게 만드는 형태로 솔리드의 안말음 형태나 그래쥬에이션 형태를 만들 때 사용한다.

4. 클리퍼(Clipper)

전기를 이용하여 남성커트에 사용되는 도구로서 1971년 프랑스 바리칸(Barican)에 의해 발명되어 일본을 통해 우리나라에 바리캉으로 들어오게 되었으며, 짧게 자를 때 주로 사용된다.

(1) 클리퍼의 구조

① 윗날 : 밑날과 함께 좌우로 움직여 모발을 자르는 역할을 한다.
② 밑날 : 윗날과 함께 모발을 자르는 역할과 모발을 같은 길이로 간추리는 빗의 역할을 한다.

(2) 클리퍼의 선정 및 사용방법

윗날과 밑날이 규칙적이며 소음이 적으며, 중량감과 조작에 무리가 없어야 한다.

마른머리에 사용하여야 하며, 다 사용한 후에는 날을 분해하여 머리카락을 털어낸 후 유활유를 이용하여 보관하여야 한다.

5. 커트 시 필요 도구

(1) 빗

1) 빗의 종류

① 꼬리빗 : 펌이나 셋팅 시 사용하며, 슬라이스 뜰 때 용이하다.
② 커트빗 : 두발을 자를 때 사용하며 얼레살과 고운살을 돌려가며 사용한다.
③ 횡거빗 : 웨이브 빗이라고도 하며, 횡거웨이브 작업 시 사용한다.
④ S자 브러쉬 : 두발이 엉켜 있을 때 주로 사용한다.

2) 빗의 사용방법 및 선정방법

① 커트 시 고운살을 이용하여 두발을 정리하며, 얼레살을 이용하여 많은 양의 두발정리 및 슬라이스 뜰 때 사용한다.
② 빗은 안정감과 탄력성이 있어야 하며, 간격이 일정하여야 한다.
③ 전체적으로 균등하며, 끝이 뾰족 하거나 무딘 것은 피하는 것이 좋다.

3) 빗의 구조

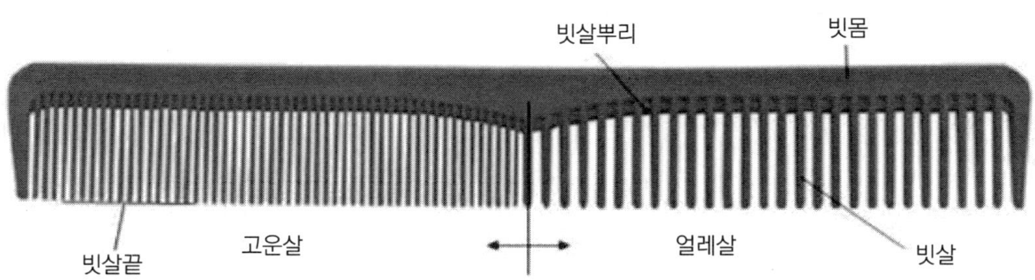

(2) 클립

커트 시에 커트하기 편하도록 모발을 고정시킬 때 사용되는 도구로서 여러 가지 형태와 재질이 있으며, 고정력이 좋은 제품을 사용하여야 한다.

(3) 분무기

좋은 커트 결과를 얻기 위하여 모발을 적셔, 가이드 라인을 구별하게 쉽게 하며 모발의 손상을 최대한 적게 하기 위해 모발에 물을 골고루 분사하기 위한 도구이다.

(4) 스폰지 또는 브러쉬

스폰지나 브러쉬를 이용하여 커트를 마치고 난 후 남아 있는 모발을 제거하기 위한 도구이다.

(5) 커트 보

머리를 자를 때 목둘레에 보를 둘러 고객에게 머리카락이 들어가는 것을 방지하기 위함이다.

6. 빗과 가위를 잡는 방법

커트빗은 얼레살과 고운살로 나눌 수 있으며, 번갈아 가면서 사용한다. 대부분은 얼레살은 브로킹을 나눌 때, 슬라이스 뜰 때, 많은 모량을 빗질할 때 대부분 사용되며, 고운살은 분배의 방향을 제시하며 커트할 때 사용된다.

(1) 빗을 잡는 방법

빗의 중심을 잡고 방향을 바꾸어 가며, 얼레살과 고운살을 번갈아 가며 목적에 따라 사용한다.

(2) 가위를 잡는 방법

동작	내용
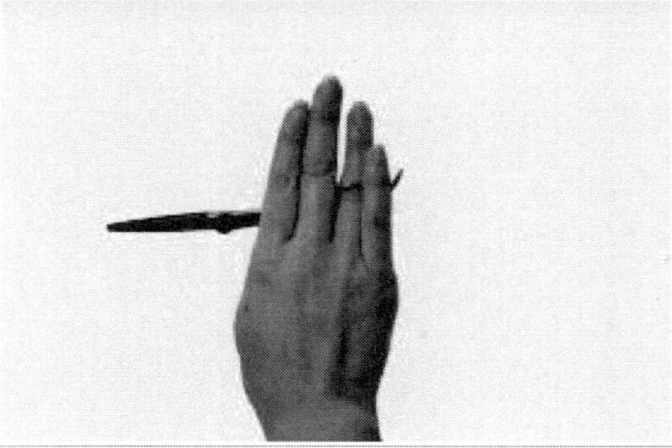	잠금나사가 보이는 쪽으로 가위를 둔 상태에서 약지환에 두 번째 마디까지 약지를 끼운다.
	손바닥이 보이도록 방향을 바꾼상태에서 가위날이 검지 첫째마디까지 가도록 사선으로 올려 놓는다.

	엄지를 엄지환에 끼우되, 약간 밀면서 약간 들어간 상태로 걸쳐 놓듯이 잡는다.
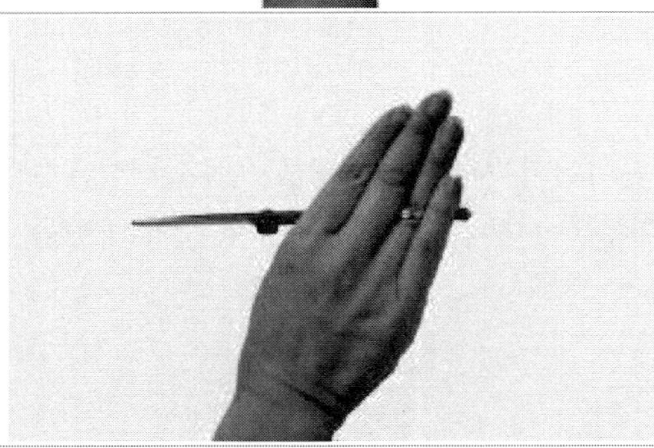	손등이 올라오도록 방향을 바꾸어 가위가 일직선이 되도록 손목을 약간 틀어준다.
	엄지환의 있는 유동날만 움직여 가위 날을 크게 벌려 들어갔다 나오면서 가위 끝으로 자르면서 커트한다.

평가

1. 틴닝의 목적 및 방법에 따른 특징을 서술하기

Ⅳ 커트의 이해

1. 커트의 정의

2. 커트 방법의 종류 및 특징

3. 커트의 디자인 법칙

Ⅳ. 커트 이론

1. 커트의 정의

커트란 모발을 소재로 하여 자르는 행위를 말하며, 조형예술과도 같이 원하는 형태를 조각하듯 커트하는 작업을 헤어 커트라고 한다. 또한 헤어스타일을 만들기 위한 기초 작업이며, 도구를 사용하여 단순히 모발을 자르는 것에서 그치지 않고 고객의 요구사항에 맞게 장단점을 파악하여 고객의 신체 조건과 전체적인 라이프 스타일에 맞게 환경 뿐 아닌 심미적 상태까지를 고려하여 헤어스타일을 만드는 행위를 말한다.

(1) 커트를 할 때 물의 사용여부에 따른 분류

1) 웨트커트(Wet Cut)

모발의 물을 뿌려 커트하는 방법으로 모발이 팽창되어 부드러워지며 빗과의 마찰력을 줄여 저항력을 낮추므로 커트하기 용이한 상태가 된다. 또한 물을 흡수하여 모발이 뭉쳐 가이드라인의 구분이 쉬워지며, 탄성이 증가되어 모발의 길이가 길어질 수 있으므로 텐션의 조절이 중요하다. 레이저 커트 시에는 모발의 손상을 방지하며, 뜯기는 현상을 줄일 수 있는 장점이 있다.

2) 드라이커트(Dry Cut)

모발이 건조한 상태에서 커트하는 방법으로 질감커트나 스트록 커트 시에 사용하며, 마무리 커트나 수정 커트에 용이하다. 또한 클리퍼 사용 시에는 마른 모발에서 커트하여야 한다.

(2) 시술 전, 후의 따른 분류

1) 프리커트(Pre Cut)

펌, 염색 시술 전에 커트하는 방법을 말한다.

2) 에프터커트(After cut)

마무리 커트라고도 하며 펌, 염색 후에 시술하는 커트의 방법을 말한다.

2. 커트 방법의 종류 및 특징

(1) 브런트 커트(Blunt cut)

1) 브런트 커트는 클럽커트(Club cut)라고도 한다.
2) 깨끗한 라인을 표현할 수 있게 직선적으로 커트하는 방법이다.
3) 모발과 가위의 위치가 90°를 위치에서 자르는 커트이다.
4) 잘린 부분이 명확하며 모발 끝이 뭉툭하게 자르는 커트이다.

(2) 나칭 커트(Notching cut)

1) 질감과 커트를 동시에 표현하는 커트방법이다.
2) 커트의 라인선에서 45°각도로 가위날이 들어가 커트하는 방법이다.
3) 부드러운 커트라인을 만들 수 있다.

(3) 포인팅 커트(Pointing cut)

1) 가위 또는 레이저를 사용하는 커트방법으로 모발 끝에 불규칙한 길이를 만든다.
2) 나칭 커트보다 깊숙하게 들어가는 커트방법이다.
3) 테이퍼 되는 양은 손가락 위치나 가위날이 들어가는 횟수에 따라 다르게 커트된다.

(4) 슬라이드 커트(Slide Cut)

1) 모발 뿌리 쪽에서 끝쪽을 향해 C자의 원만한 곡선을 그리며 커트하는 방법이다.
2) 질감과 커트를 동시에 표현한 커트방법이다.

(5) 슬라이싱(Slicing)

1) 질감만을 표현한 커트방법이다.
2) 가위가 모발에 들어가는 각도에 따라 율동감과 운동감을 준다.
3) 표면에 슬라이싱하여 확장감을 만들 수 있으며, 컬이 있는 모발에 적용하면 더욱더 운동감이 증가되어 확장감을 만든다.

(6) 스트록 커트(Stroke cut)

1) 가위를 이용하여 한 판넬에서 일정한 손목의 스윙을 이용하여 질감과 커트선을 동시에 표현하는 커트방법이다.
2) 스트록 커트는 샤기(모발의 흐트러져 있는 모양)의 형태를 만드는 커트방법이다.
3) 샤기의 질감과 공기감을 이용하여 볼륨과 부드러운 라인선을 표현할 수 있는 커트방법이다.
4) 가위의 개폐정도에 따라 0°~15°숏 스트록(Short Stroke), 15°~30°미디움 스트록(Medium Stroke), 30°이상 롱 스트록(Long Stroke)으로 분류된다.
5) 스트록이 들어가는 위치에 따라 사이드 스트록(Side Stroke), 다운 스트록(Down Stroke), 업 스트록(Up Stroke)이 있다.
   - 사이드 스트록은 가로 판넬의 사이드로 스트록이 들어가는 방법으로 B.P 아래 라인을 정할 때 많이 사용된다.
   - 다운 스트록은 세로 판넬 아래에서 위로 C자 커브를 스윙하는 방법이며, 그래쥬에이션 스타일에 많이 사용되며, 공기감을 주어 볼륨감을 줄 수 있다.
   - 업 스트록은 세로 판넬의 위에서 스트록 하는 방법으로 인크리스레이어 스타일에 많이 사용되며, 율동감과 움직임을 효과적으로 표현할 수 있다.

(7) 테이퍼링(Tapering)

1) 모발의 끝이 점점 가늘게 하는 커트방법으로 길이는 짧게 하지 않고 모량만 감소시키는 커트방법으로 앤드 테이퍼링(End Tapering), 노멀 테이퍼링(Nomal Tapering), 딥 테이퍼링(Deep tapering)이 있다.
   - 앤드 테이퍼링은 스트랜드의 모발끝 1/3지점에서 테이퍼링하여 모발끝 부분을 부드럽게 만드는 효과가 있다.
   - 노멀 테이퍼링은 스트랜드의 1/2지점에서 테이퍼링하여 움직임이 가벼워지는 효과가 있다.
   - 딥 테이퍼링은 스트랜드의 2/3지점에서 테이퍼링하여 많은 양을 제거함으로써 모발의 움직임이 경쾌하고 가볍다.

(8) 레이저 아칭(Arching)

1) 레이저를 판넬의 안쪽에 대고 호를 그리면서 커트와 질감을 동시에 표현하는 커는 방법이다.
2) 판넬의 안쪽은 짧고 바깥쪽은 길어 인컬의 볼륨을 주고자 할 때 사용하는 방법이다.

(9) 레이져 에칭(Etching)

1) 레이져를 판넬의 표면에 놓고 긁듯이 커트하는 방법이다.
2) 바깥쪽의 길이가 짧고 안쪽의 길이가 길게 되어 아웃컬의 움직임을 만들 수 있다.

(10) 싱글링(Shingling)

1) 짧게 쳐 올리다의 뜻으로 후두부의 두발을 짧게 커트하는 방법이다.
2) 가위와 클리퍼를 이용하여 커트한다.

(11) 클립핑(Clipping)

1) 튀어나온 모발을 제거하기 위한 커트 방법이다.
2) 가위와 클리퍼를 이용하여 커트한다.

(12) 트리밍(Trimming)

1) 불필요한 모발이나 손상모를 커트하는 방법이다.
2) 형태를 살려 최종적으로 정돈하기 위해 가볍게 커트하는 방법이다.

(13) 브릭커트(Brick Cut)

1) 벽돌쌓기 형태로 지그재그 간격으로 커트하는 방법이다.
2) 모근의 일어섬과 가벼움을 표현할 때 커트하는 방법이다.

3. 커트의 디자인 법칙

(1) 반복(Repetition)

위치를 제외한 모든 요소가 동일한 형태이다.

(2) 교대(Alternation)

둘 또는 요소들이 연속적인 패턴으로 반복적인 형태를 보인다.

(3) 진행(Progression)

모든 요소들이 비슷하나 일정한 비율로 변하며, 결과를 향해 증가 또는 감소의 형태가 된다.

(4) 대조(Contrast)

상반된 요소들의 바람직한 관계로 인한 변화, 흥미를 자극하는 형태이다.

(5) 비조화(Doscord)

요소들간의 최대한의 간격을 말한다.

(6) 균형(Balance)

미적으로 만족스러운 요소들의 상태를 말하며 대칭 또는 비대칭이 있다.

(7) 대칭(Symmetry)

중심축을 기준으로 크기와 모양이 균형을 이루는 상태를 말한다.

(8) 비대칭(Asymmetry)

축의 반대쪽과 동일하지 않으나 균형을 이루는 상태를 말한다.

평가

1. 커트의 정의를 서술하시오.

2. 커트 방법의 종류 및 특징을 간략하게 서술하시오.

V 커트의 절차

1. 커트 전 고려사항
2. 커트의 기본 절차
3. 커트 시 주의사항

V. 커트의 절차

1. 커트 전 고려사항

(1) 첫인상 파악

1) 고객의 처음 방문 시 헤어스타일이나 신체조건등을 파악하며, 전체적인 이미지를 기억해둔다.
2) 고객이 이미지를 바꾸기 원하지 않는다면 이때의 스타일이 기본으로 커트하면 큰 무리 없이 진행 된다.

(2) 소재의 파악

모발의 상태, 모질, 모량, 모류의 방향, 두상의 모양, 얼굴형, 목의 두께, 신장 등을 파악하여 시진, 문진, 촉진을 통하여 진단한다. 또한 고객에게 최근 시술방법 내용을 체크한다.

(3) 고객욕구의 파악

고객에게 희망하는 스타일, 특별히 싫어하는 스타일, 또는 주의하거나 신경 쓰이는 부분을 체크하여 고객의 희망사항의 맞게 헤어디자인을 완성한다.

(4) 희망사항의 헤어스타일 가능 유무

고객이 원하는 헤어스타일이 가능한지, 고객에게 잘 어울리는지, 또는 펌, 컬러링, 트리트먼트 등이 필요한지 등을 체크하여 조언한다.

(5) 스타일 결정

고객의 맞는 길이, 넓이, 높이, 방향성(사선, 수평, 수직)과 모발의 율동감 및 무게 감등을 바탕으로 스타일을 결정한다.

(6) 개성연출

고객의 라이프 스타일, 패션에 대한 의식, 연령, 성격, 직장, 손질방법 등을 고려하여 연출하되 전체적인 균형을 고려하여야 한다.

(7) 커트 디자인

고객의 신체, 얼굴형에 따른 장, 단점 유무를 파악하여 커트디자인에 반영한다.

2. 커트의 기본 절차

(1) 브로킹(Blocking)

커트하기 편리하도록 다발(큰 블록)을 대칭과 균형 비율을 고려하여 나누는 것을 말한다.

(2) 섹셔닝(Sectining)

브로킹 보다 작은 다발로 형태와 디자인 라인에 따라 비율관계에 따라 나누는 것을 말한다.

(3) 머리위치

1) 커트 시 머리위치는 분배에 영향을 미치며 커트라인과 질감에 영향을 준다.
2) 앞으로 머리 숙이기는 솔리드형의 안말음 효과를 줄 수 있다.
3) 똑바로의 머리위치는 가장 자연스러운 결과가 나온다.
4) 옆으로 기울인 머리위치는 형태선을 쉽게 마무리할 수 있게 한다.

(4) 슬라이스(Slice Panel)

1) 커트하기 위해 가장 작은 단위로 디자인에 따라 슬라이스선 모양이 달라질 수 있다.
2) 선의 모양은 수평, 수직, 곡선, 대각, 피봇선 등이 있다.

(5) 빗질 방향(분배)

1) 자연분배 : 두상에서 중력에 의해 두발이 자연스럽게 흘러 떨어지는 방향을 말한다.
2) 직각분배 : 슬라이스 선과 90° 직각이 되도록 모발을 빗질하는 방향을 말한다.

3) 변이분배 : 자연이나 직각분배 외에 다른 방향으로 빗질하는 방향을 말한다.
4) 방향분배 : 한쪽으로만 빗질하는 방향을 말한다.

(6) 베이스(Base)

베이스란 커트하기 위한 목적으로 갈라서 잡은 모발단(Panel)의 두피부분의 영역을 말하며, 그 모발단에 대한 베이스의 안과 밖의 당김새에 따라 모발 길이와 형태선에 영향을 미치므로 헤어스타일의 실루엣에 결정적인 역할을 한다.

1) 온더 베이스(On the base)

- 베이스 중심에 직각이 되도록 모아 잡아서 커트하는 방법이다.
- 양쪽의 길이를 같은 길이로 커트하고자 할 때 사용 한다
- 베이스의 폭을 너무 넓게 잡으면 길이의 장단이 생길 수도 있다.

2) 사이드 베이스(Side base)

- 베이스 한쪽으로 모아 직각이 되도록 모아 잡아서 커트하는 방법이다.
- 한쪽의 길이가 길어지면 다른 한쪽은 짧아지는 효과가 있다.

3) 프리 베이스(Free base)

- 베이스 안에서 2/3지점이 직각이 되도록 모아 잡아서 커트하는 방법이다.
- 길이가 미세하게 길어지거나 점점 짧아지는 효과가 있다.
- 온더 베이스와 사이드 베이스의 사이에 있다.

4) 오프 더 베이스(Off the base)

- 베이스 밖으로 벗어나게 모아 잡아서 커트하는 방법이다.
- 얼마나 잡아 당기느냐에 따라 사선라인의 형태의 변화를 줄 수 있다.
- 길이의 급격한 변화를 주는 효과가 있다.

5) 트위스트 베이스

- 베이스의 모발을 비틀어 모아 잡아서 커트하는 방법이다.
- 절단면이 곡선으로 연출되며 길이나 스타일에 급격한 변화를 줄 수 있다.

(7) 시술각

1) 자연시술각

- 두상의 모발이 중력에 의해 떨어지는 각도를 말한다.
- 솔리드형에 사용되는 시술각(0°)으로 무거운 형태선을 만든다.

2) 일반시술각

- 두상의 모발을 90°로 들어 올린 시술각을 말한다.
- 두상의 전체적으로 일반 시술각을 사용하면 유니폼 레이어의 가벼운 커트의 형태선을 만들 수 있다.

(8) 손가락 위치

1) 평행 : 슬라이스 모양과 손가락 모양이 일치하는 것을 말하며, 일정한 간격을 유지하는 것을 말한다.
2) 비평행 : 슬라이스 모양과 손가락 모양이 일치하지 않으며, 일정한 간격을 유지하지 고 증가 또는 감소하는 것을 말한다.

(9) 콤 아웃(토화미)

커트를 다 완성한 후 디자인을 정리하여 원하는 결과물을 만드는 과정을 말한다.

3. 커트 시 주의사항

(1) 샴푸를 한 후 커트하면 가르마형태, 헤어라인, 네이프라인, 햄라인 등 모류 방향을 제대로 파악할 수 있다.
(2) 두상의 골격과 형태를 파악하여 디자인을 결정하여야 한다.
(3) 희망사항의 헤어스타일에 따라 가이드 라인을 정하여 어느 위치까지 자를 것인지를 정한다.
(4) 젖은 상태와 마른 상태의 길이나 방향이 달라지므로 주의하여야 한다.
(5) 일정한 텐션, 분배 등을 고려하여 커트하여야 한다.
(6) 너무 많은 양의 모발을 잡고 커트하지 않도록 하여야 한다.
(7) 올바른 도구의 사용법으로 고객의 안전사고에 주의하여야 한다.
(8) 표현하고자 하는 디자인과 고객의 모발에 따라 도구와 커트기법을 잘 선택하여야 한다.

평가

1. 커트의 절차 서술하기

Ⅵ 커트 테크닉

Ⅵ-1. 4가지 기본형 커트

1-1. 솔리드

1-2. 그래쥬에이션

1-3. 인크리스

1-4. 유니폼

Ⅵ-2. 기본형 커트의 이해

2-1. 혼합형

2-2. 4가지 커트 비교·분석하기

Ⅵ. 커트 테크닉

Ⅵ-1. 4가지 기본형 커트

1-1. 솔리드(Solid)

1. 특징

솔리드는 원랭스 커트(One length cut)라고도 하며, 커트 된 형태면에 단차가 없는 커트를 말한다.

2. 모양

탑 부분의 모양은 두상의 모양의 형태가 되며 커트선 쪽에는 무게감을 가진 각진 형태를 가지므로 종모양이 된다.

3. 구조그래픽

탑 쪽의 머리가 네이프 쪽으로 갈수록 짧아지는 형태를 가진다.

4. 질감

전체적으로 언엑티베이트한 질감을 가진다.

5. 각도

두피에서 떨어지는 자연분배의 0°로 커트하며 무게감이 형성된다.

6. 손가락 위치

솔리드형은 수평, 대각, 곡선에 따라 전대각라인, 후대각라인, 수평보브라인 등 여러 가지 형태를 만들 수 있으며, 그 형태에 따라 슬라이스 선과 손가락형태는 평행을 이룬다.

7. 디자인 라인

각도를 들지 않고 한곳에서 모아서 자르므로 고정디자인라인을 가진다.

8. 요약하기

1) 동일한 선상에서 무게감을 형성된다.
2) 질감은 전체적인 언엑티베이트한 질감을 가진다.
3) 원하는 라인에 따라 다양한 라인과 길이로 커트될 수 있다.

9. 평가하기

1) 솔리드의 모양을 그려보자.

2) 솔리드의 구조그래픽을 그려보자.

3) 솔리드의 질감을 그려보자.

4) 솔리드의 각도을 서술하자.

5) 솔리드의 디자인라인을 서술하자.

* 솔리드

커트 시술절차	
섹션나누기	이어 투 이어, 정중선
머리위치	똑바로
슬라이스	수평
분배	자연분배
시술각	0° 자연시술각
손가락과 가위의 위치	평행
디자인라인	고정디자인라인

완성작품

정면

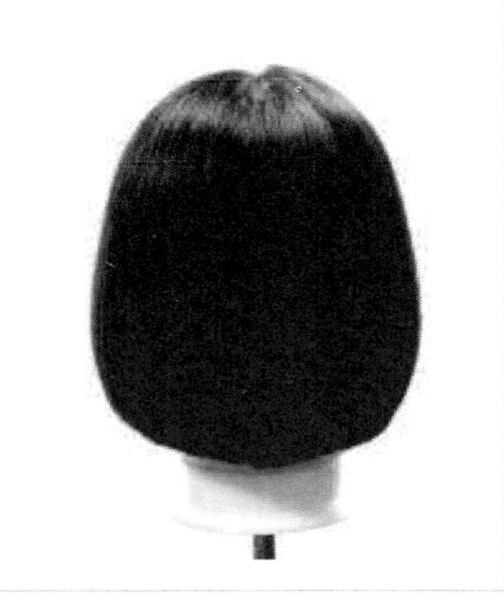

후면

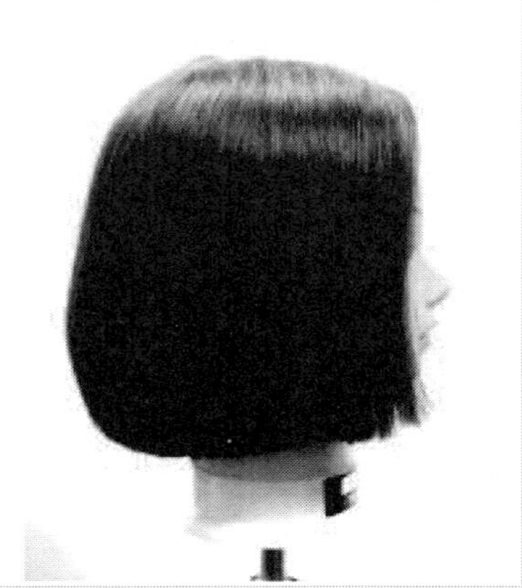

측면

시술순서

<table>
<tr><th>백 파트 시술</th><th colspan="2">내 용</th></tr>
<tr><td>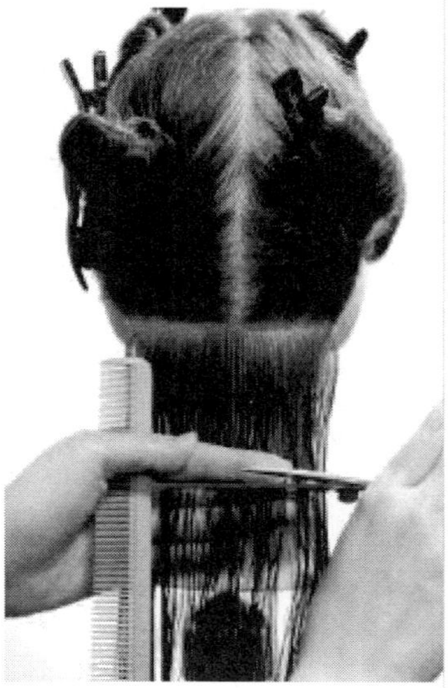</td><td colspan="2">두상을 똑바로 한 상태로 수평으로 슬라이스 나눈 후 시술각 없이 자연분배 한다. 손가락은 슬라이스와 같이 평행으로 잡고 0°로 커트한다. 길이의 설정은 원하는 대로 설정한다.</td></tr>
<tr><td>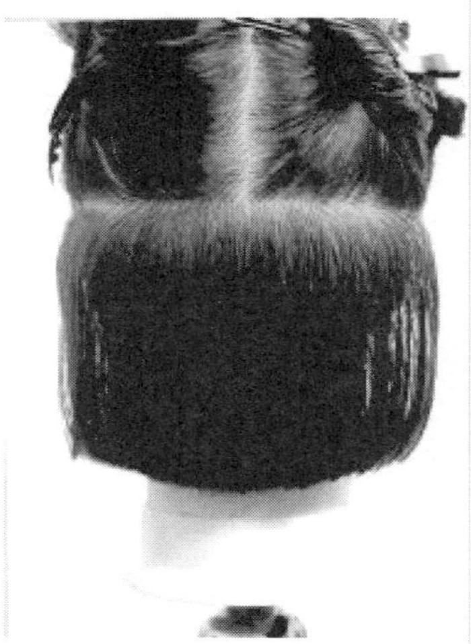</td><td>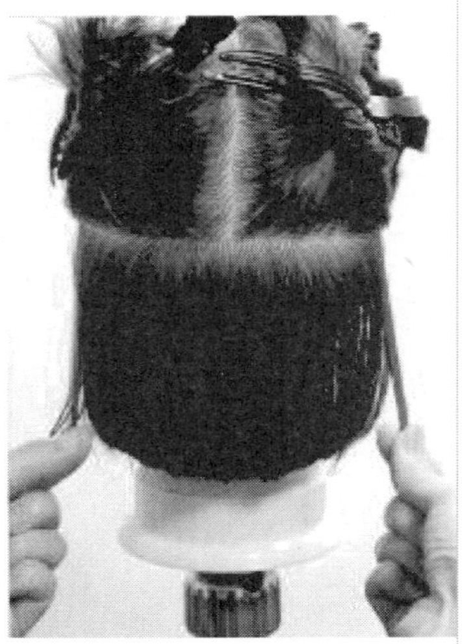</td><td>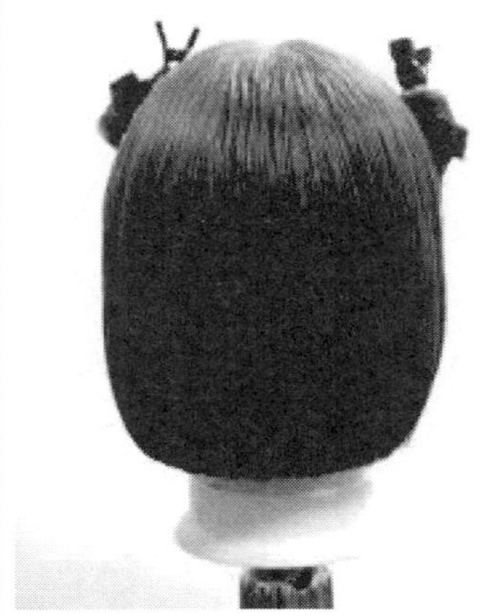</td></tr>
<tr><td colspan="3">2~3cm 간격의 수평으로 슬라이스 한 후 자연분배를 유지하여 탑 부분까지 커트한다. 이어 포인트가 나오는 부분에서는 모발을 끌어와 길이를 체크한다.</td></tr>
</table>

사이드도 동일하게 수평으로 슬라이스 한 후 자연분배 하여 0°로 커트한다. 반대편 사이드를 진행 할 때에도 동일한 방법으로 하되 1선에서는 길이체크를 한 후 진행한다.

구조그래픽 그려보기

나의 작품사진 시술순서 촬영 후 부착하고 설명하기

스타일링 하기

잡지책에서 솔리드 커트 찾아 스크랩하기

길이에 따라 커트 후 특징 서술하기

어떤 고객에게 어울리는지 서술하기

1-2. 그래쥬에이션(Graduation)

(1) 특징

그래쥬에이션은 단계, 층을 뜻하며 커트 시에 시술각도로 길이를 정해가며 머리길이에 단차를 만드는 커트로 볼륨감을 가진다..

(2) 모양

층이 겹겹이 능선(엑티베이트와 언엑티베이트의 구분선)에 쌓이게 되며 볼륨감이 형성되어 삼각형의 커트 모양으로 된다.

(3) 구조그래픽

탑 쪽은 길고 네이프 쪽은 짧은 구조그래픽을 가진다.

(4) 질감

엑티베이트한 질감과 언엑티베이트한 질감을 가진다.

(5) 각도

낮은 그래쥬에이션(Low graduation) : 1~30°
중간 그래쥬에이션(Medium graduation) : 31~60°
높은 그래쥬에이션(High graduation) : 61~89°

(6) 손가락 위치

자연분배, 직각분배, 변이분배를 가지며, 그에 따라 평행과 비 평행으로 위치한다.

(7) 디자인 라인

이동디자인라인에서 층을 만들고 고정디자인 라인에서 무게감을 더한다.

(8) 요약하기

1) 끝부분이 서로 쌓여 입체감을 주어 볼륨감을 형성하는 커트이다.
2) 질감은 엑티베이트와 언엑티베이트한 질감을 가진다.
3) 얼굴형이나 후두부형의 단점을 보완할 수 있는 커트이다.

(9) 평가하기

1) 그래쥬에이션의 모양을 그려보자.

2) 그래쥬에이션 구조그래픽을 그려보자.

3) 그래쥬에이션의 질감을 그려보자.

4) 그래쥬에이션의 각도를 서술하자.

5) 그래쥬에이션의 디자인라인을 서술하자.

* 전대각 그래쥬에이션

커트 시술절차	
섹션나누기	정중선, 이어 투 이어
머리위치	똑바로
슬라이스	전대각
분배	직각 분배
시술각	0°, 15°
손가락과 가위의 위치	평행
디자인라인	이동, 고정

완성작품

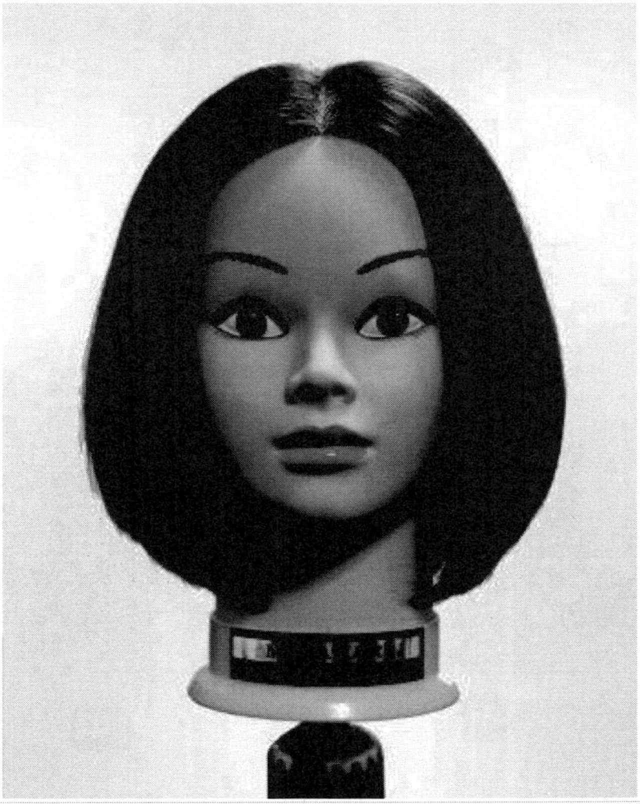

정면

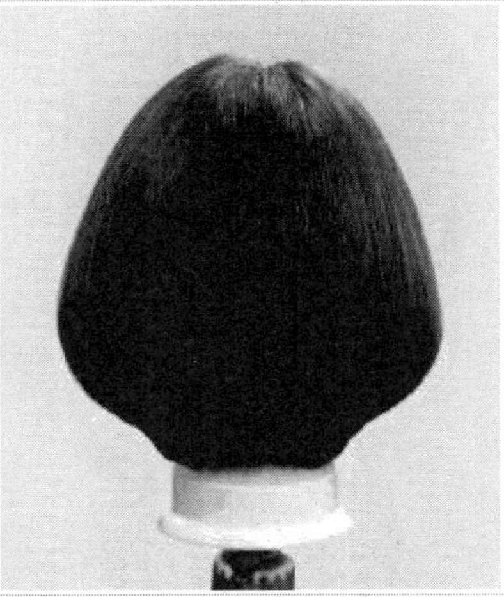

후면

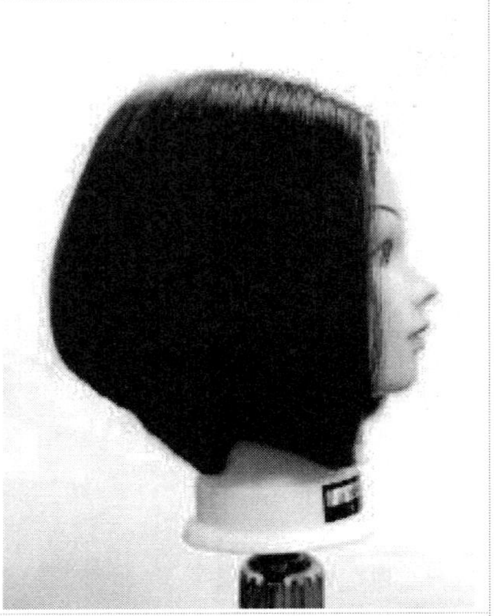

측면

시술순서

백 파트 시술	내 용
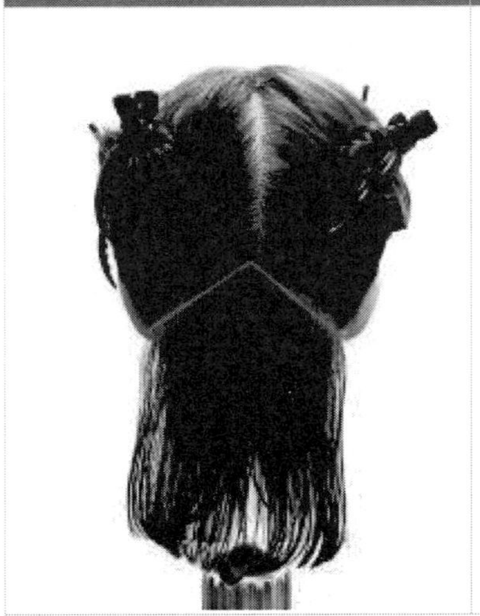	 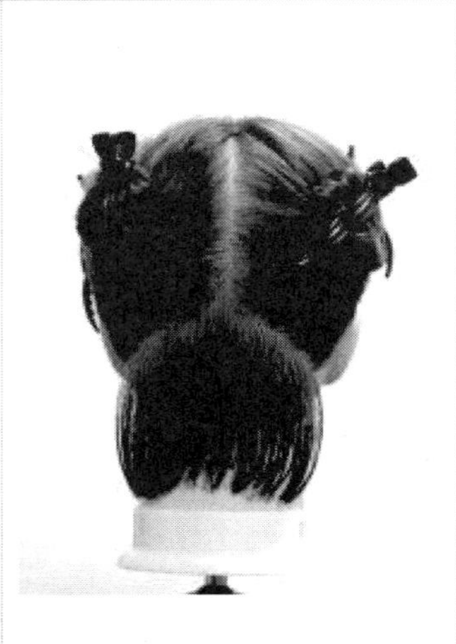
두상을 똑바로 하고 전대각으로 슬라이스를 나눈 후 직각분배 하여 0도로 가이드를 잡고 15°로 들어서 커트한다.	
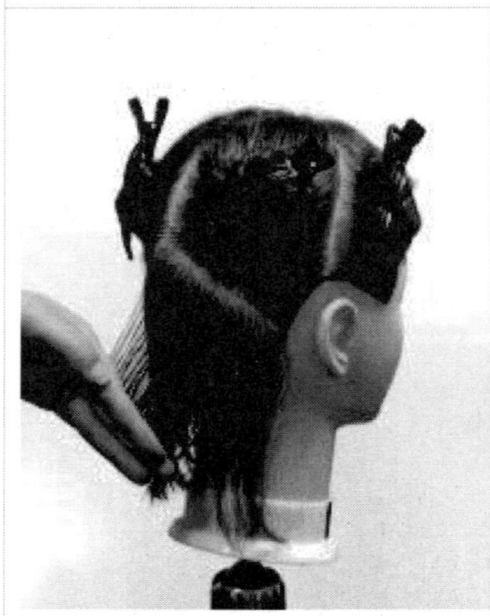	 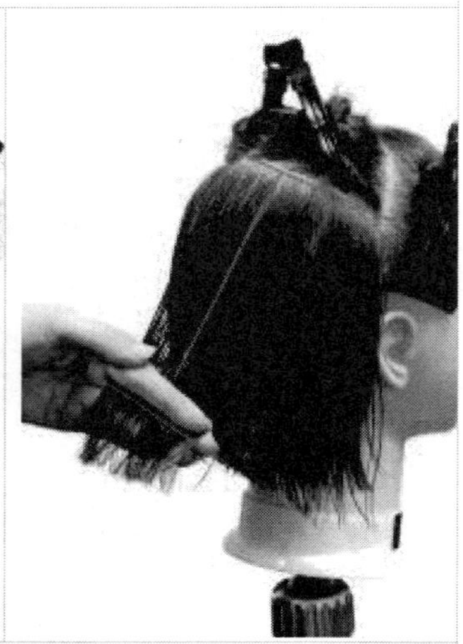
전대각 슬라이스를 나눈 후 직각분배 하여 15°로 커트한다. 탑 부분까지 동일하게 커트하여 올라간다.	

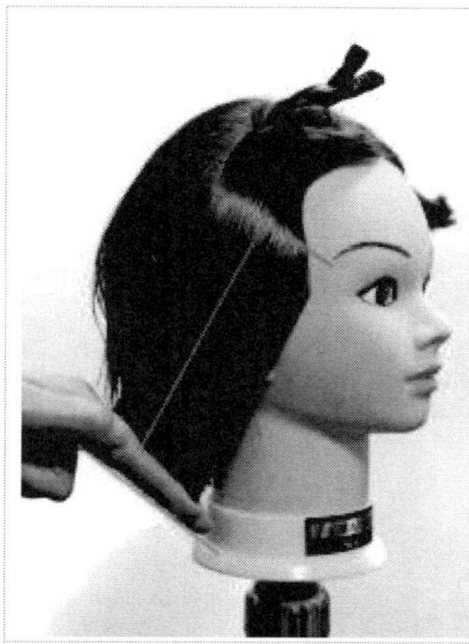	사이드는 뒤선과 연결 되도록 전대각 슬라이스를 한 후 직각 분배 하여 손가락과 슬라이스 선이 평행하도록 커트한다. 0° 로 가이드를 정한 후 15° 들어서 커트한다.
	탑 부분 까지 동일하게 커트한 후 반대편도 동일하게 커트한다.

구조그래픽 그려보기

나의 작품사진 시술순서 촬영 후 부착하고 설명하기

스타일링 하기

* 높은 그래쥬에이션

커트 시술절차	
섹션나누기	정중선, 이어 투 이어
머리위치	똑바로
슬라이스	수평, 사선
분배	직각분배
시술각	45°
손가락과 가위의 위치	비평행, 평행
디자인라인	이동

완성작품

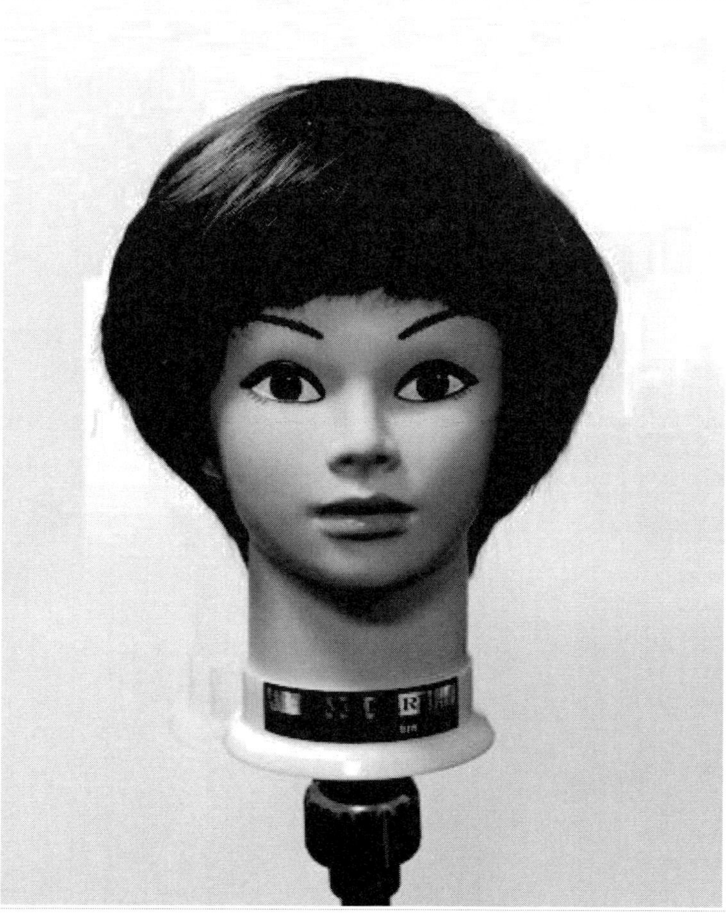

정면

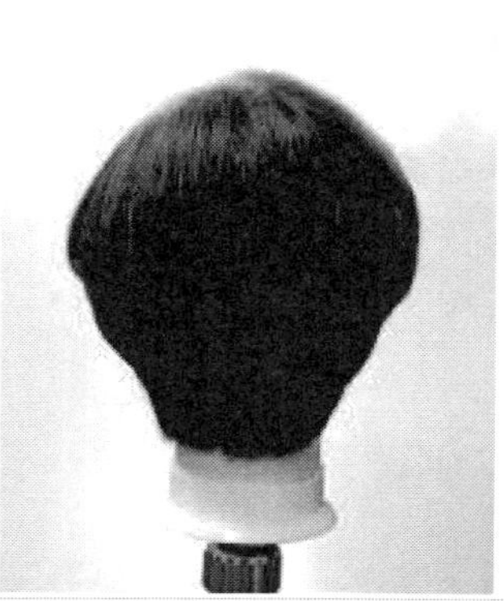

후면

측면

시술	내 용
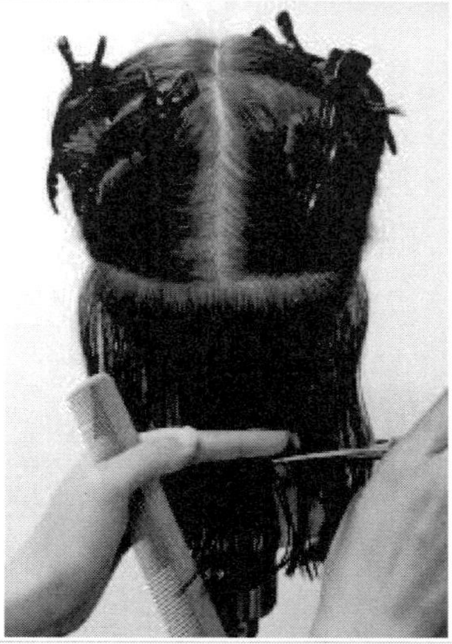	이어 백 이어에서 수평 슬라이스 하여 기준길이를 설정 한 후 0°로 커트한다.
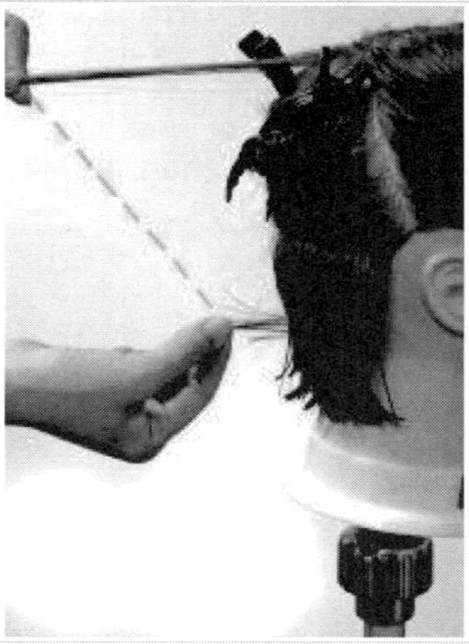	골든 포인트의 모발을 취해 백의 볼륨의 위치를 정한다. 볼륨의 위치를 정한 골든 포인트의 모발과 네이프의 모발 끝을 연결하는 라인을 만든다. 이 라인이 커트라인선이 된다.
	앞에서 설정한 커트라인에 맞게 2~3cm씩 수직으로 온 베이스로 커트한다. 온 베이스 커트 이므로 커트하는 판넬이 자신의 정면에 오도록 몸을 이동하면서 커트한다.

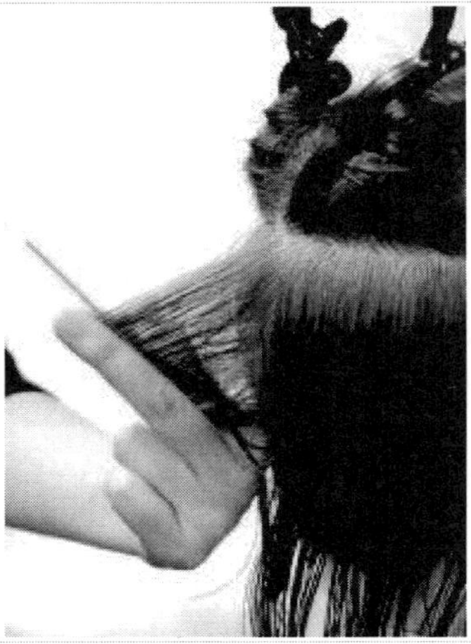

2선은 1선에서 자른 모발과 연결하여 골든탑에서 정한 커트라인에 맞추어 온 베이스로 커트한다.

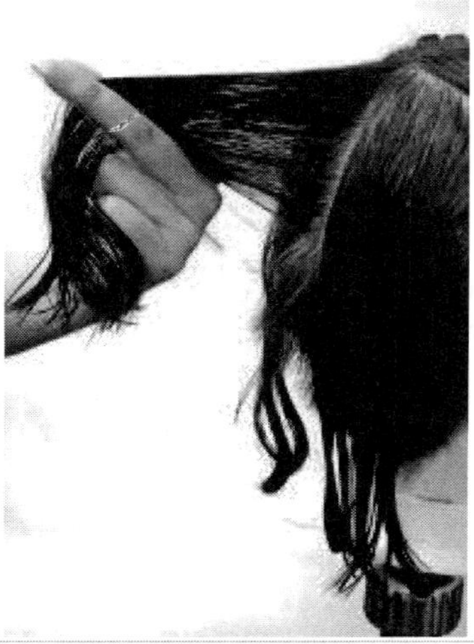

3선은 처음에 가이드를 잡았던 골든 포인트 모발과 2선의 모발을 연결하여 커트라인에 맞추어 온 베이스로 커트한다.

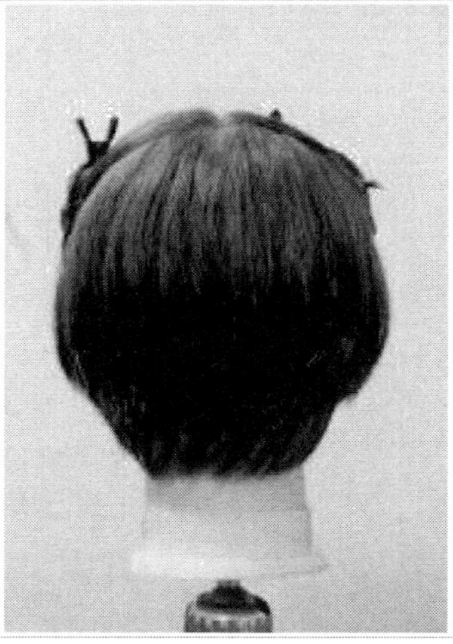

백의 완성된 모습

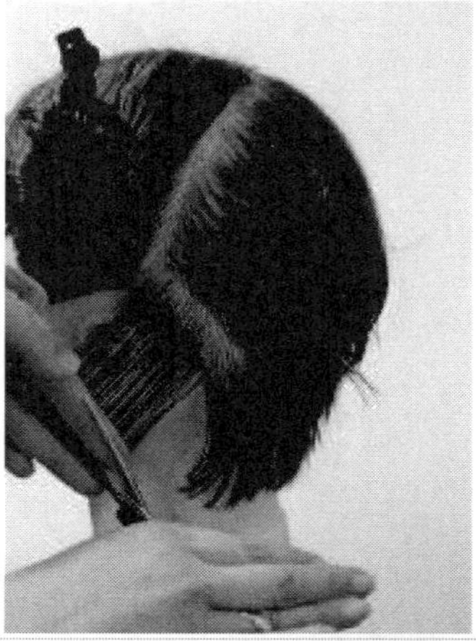

헴라인 모발을 앞으로 45도 끌어내어 직각분배로 튀어나온 부분을 정리한다.

사이드도 이어 투 이어 라인에서부터 3선과 연결하여 커트한다.

나머지 모발도 온 베이스로 몸을 이동하며 커트한다. 반대쪽도 동일하게 커트한다.

	탑의 모발을 가로로 들어서 양쪽 길이체크와 튀어나온 모발을 정리한다.
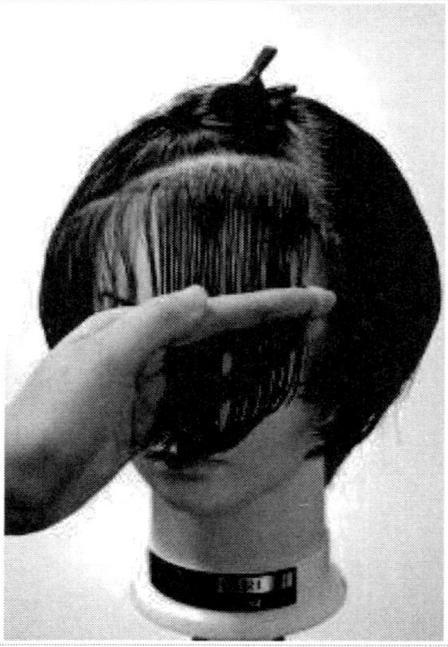	앞머리는 원하는 기장과 가르마를 정해 사이드 모발을 직각 분배로 하여 연결한다. 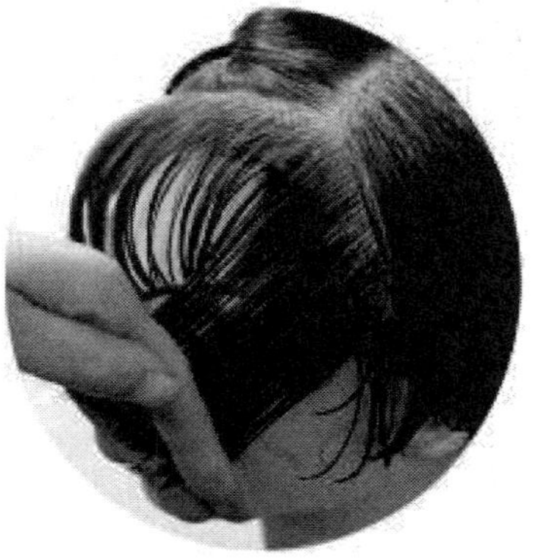

구조그래픽 그려보기

나의 작품사진 시술순서 촬영 후 부착하고 설명하기

스타일링 하기

잡지책에서 그래쥬에이션 커트 찾아 스크랩하기

길이에 따라 커트 후 특징 서술하기

어떤 고객에게 어울리는지 서술하기

1-3. 인크리스 레이어(Increase Layer)

(1) 특징

인크리스 레이어는 하이 레이어(High layer)라고도 하며, 레이어 커트(Layer cut)는 두발의 길이에 많은 단차를 주는 커트 방법이다. 한곳에 모아 자르는 집중전환레이어링 기법을 사용하면 자연스럽게 층을 만들어 운동감과 율동감이 생긴다.

(2) 모양

전체적으로 층의 단차가 크게 생기므로 일반적으로 긴 머리에 커트하며, 그로 인해 타원형의 모양이 된다.

(3) 구조그래픽

인크리스 레이어는 디자인 법칙 중 진행에 의해 커트되므로 탑 쪽의 모발은 짧고 네이프 쪽으로 갈수록 길어지는 커트 형태를 가진다.

(4) 질감

선정된 기장에 따라 언엑티베이트한 질감과 엑티베이트한 질감을 가진다.

(5) 각도

일반적으로 90°로 커트하나 원하는 길이나 층에 따라 0°, 45°, 90°등의 다양한 각도를 가진다.

(6) 손가락 위치

진행되는 모발의 길이를 가지므로 손은 두상과 비 평행 상태를 이룬다.

(7) 디자인 라인

집중전환레이어링 기법을 사용하므로 고정디자인 라인을 가진다.

(8) 요약하기

1) 탑 쪽의 모발이 네이프 쪽으로 갈수록 길어지는 형태를 가진다.
2) 집중전환레이어링 기법을 사용한다.
3) 질감은 머리길이에 따라 엑티베이트한 질감, 언엑티베이트한 질감의 혼합형을 가진다.
4) 자연스러운 층을 표현한다.

(9) 평가하기

1) 인크리스 레이어의 모양을 그려보자.

2) 인크리스 레이어의 구조그래픽을 그려보자.

3) 인크리스 레이어의 질감을 그려보자.

4) 인크리스 레이어의 각도를 서술하자.

5) 인크리스 레이어의 디자인라인을 서술하자.

* 인크리스 레이어

커트 시술절차	
머리위치	똑바로
슬라이스	수평파팅, 후대각
분배	직각분배
시술각	90°
손가락과 가위의 위치	비평행
디자인라인	고정디자인 라인

완성작품

정면

후면

측면

시술순서

백 파트 시술	내 용
	네이프 모발을 탑 쪽으로 가지고 와 원하는 기장에 맞추어 기준길이를 설정한다. 모발을 층을 원하는 기장에 맞추어 90도로 들어 커트한다.
	선정된 길이에 맞추어 수평으로 슬라이스 하여 직각분배에 고정디자인 라인으로 커트한다.
	고정디자인 라인에 맞추어 커트한다.

두상의 넓은 부위는 나누어 고정디자인 라인에 맞추어 커트한다.

네이프 까지 계속 수평으로 슬라이스를 나눈 후 고정디자인 라인에 맞추어 커트한다. 반대쪽도 동일한 방법으로 커트한다.

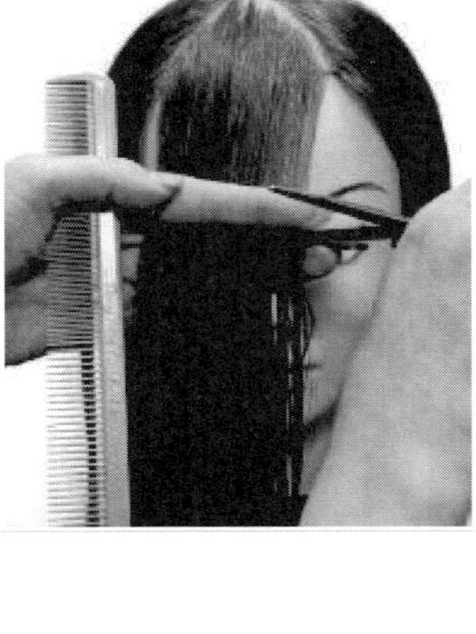

앞머리의 원하는 기장에 맞추어 커트한다.

	사이드는 직각분배에 손이 비 평행하여 인크리스가 되도록 커트한다.
	선정된 길이에 맞추어 손은 비 평행으로 고정디자인라인에 맞추어 커트한다.
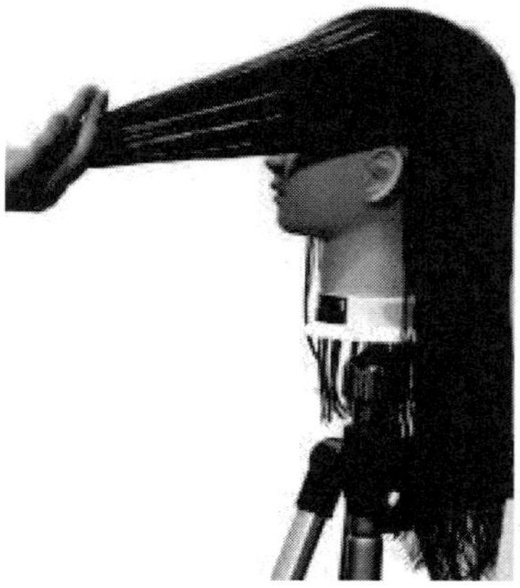	두상의 뒤쪽 모발까지 가지고 와서 연결하여 뒤선과 자연스럽게 모발의 층을 연결한다.

	뒷머리의 지저분한 모발을 솔리드로 정리한다.

구조그래픽 그려보기

나의 작품사진 시술순서 촬영 후 부착하고 설명하기

어떤 고객에게 어울리는 지 서술하기

스타일링 하기

잡지책에서 인크리스 레이어 커트 찾아 스크랩하기

길이에 따라 커트 후 특징 서술하기

어떤 고객에게 어울리는 지 서술하기

1-4. 유니폼 레이어(Uniform Layer)

(1) 특징

유니폼 레이어는 두상의 곡면에 일정한 길이로 커트하며, 베이직 레이어로도 불린다.

(2) 모양

길이가 12cm 미만일 경우, 두상의 모양이 그대로 표현되며, 두상모양인 원모양이 된다.

(3) 구도그래픽

유니폼 레이어의 디자인법칙 중 반복에 의해 커트되므로, 모든 길이는 동일하며 전체적으로 무게선이 생기지 않는다.

(4) 질감

전체적으로 엑티베이트한 질감을 가진다.

(5) 각도

두피에서 직각 분배하여 일반시술각인 90°로 커트하며 무게감이 없고 모발의 잘린 단면이 보인다.

(6) 손가락 위치

두상과 평행으로 잡아 두상의 모든 길이가 동일하다.

(7) 디자인 라인

두상의 90°로 움직이면서 자르므로 이동디자인라인을 가진다.

(8) 요약하기

1) 동일한 길이를 가진다.
2) 질감은 전체적인 엑티베이트한 질감을 가진다.
3) 두상과 평행한 손가락 위치를 볼 수 있다.

(9) 평가하기

1) 유니폼레이어의 모양을 그려보자.

2) 유니폼레이어의 구조그래픽을 그려보자.

3) 유니폼레이어의 질감을 그려보자.

4) 유니폼레이어의 각도를 서술하자.

5) 유니폼레이어의 디자인라인을 서술하자.

* 유니폼 레이어

커트 시술절차	
섹션나누기	헤어라인
머리위치	똑바로
슬라이스	수직, 피봇
분배	직각분배
시술각	90°
손가락과 가위의 위치	평행
디자인라인	이동디자인 라인

완성작품

정면

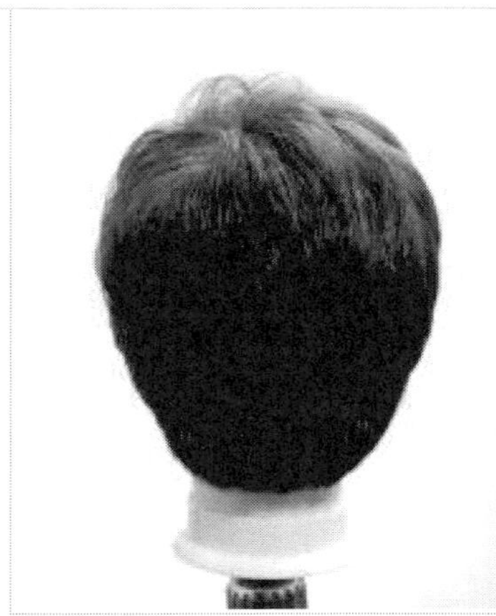

후면

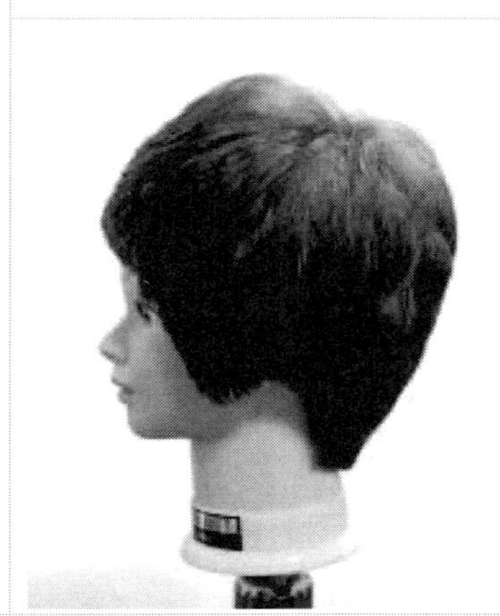

측면

시술순서

헤어라인 파트	내 용	
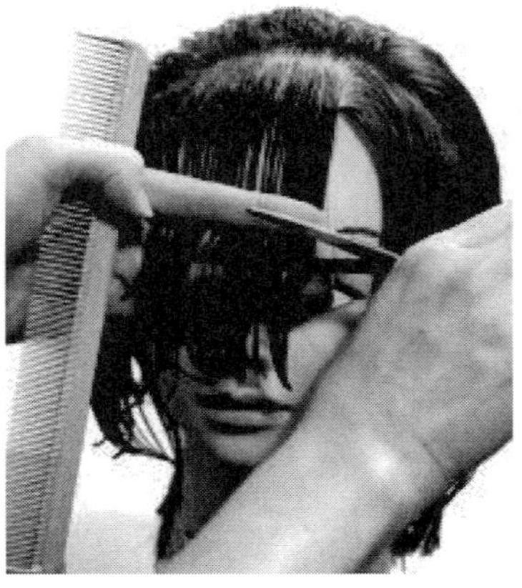	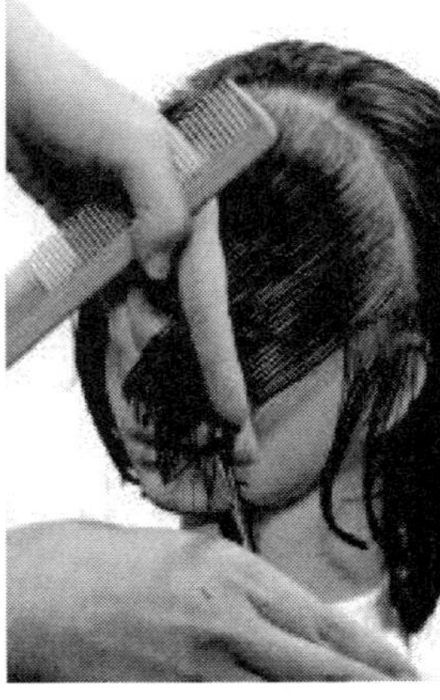	
헤어라인의 2~3cm슬라이스를 뜬 후 두상의 0°로 하여 원하는 길이를 선정한 후 커트한다. 중앙에서 시작하여 양 사이드로 커트하여 연결한다.		
	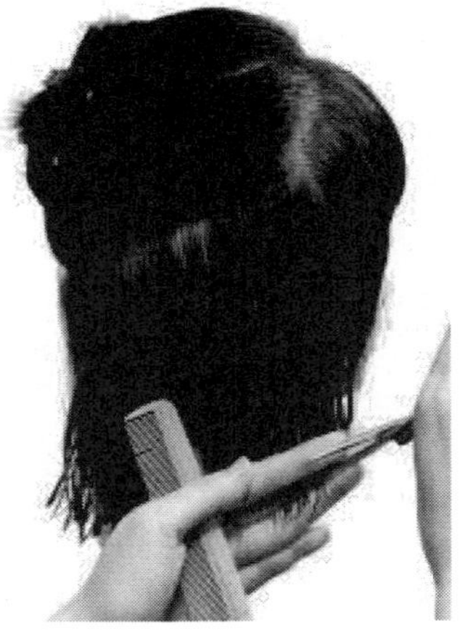	
네이프쪽도 헤어라인에 따라 0°로 둥글게 자른 후 옆선과 연결한다.		

네이프의 모발은 두상의 90°로 들어 직각분배 온 베이스로 커트한다.

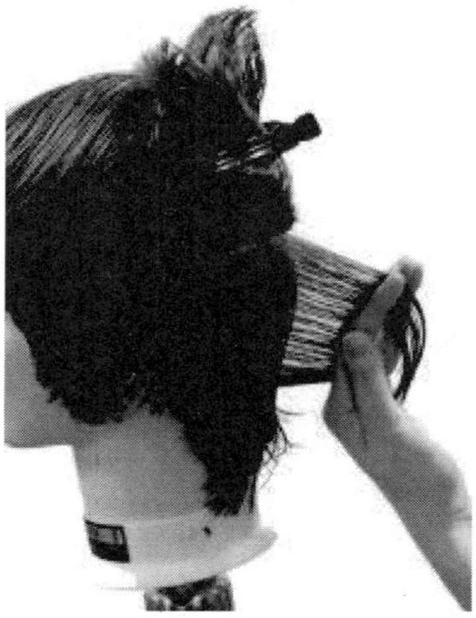

백부분의 모발도 두상의 90°로 들어 직각분배 하여 온 베이스 로 커트한다.

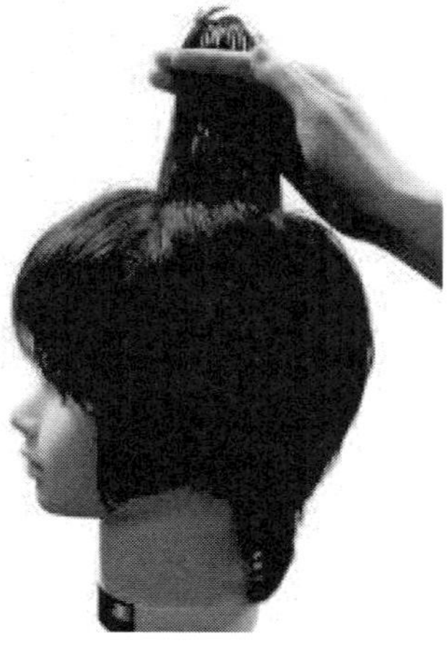

골든 탑과 탑의 모발도 피봇 파팅(방사선)하여 두상에 대한 90°로 들어 직각분배, 온 베이스로 커트한다.

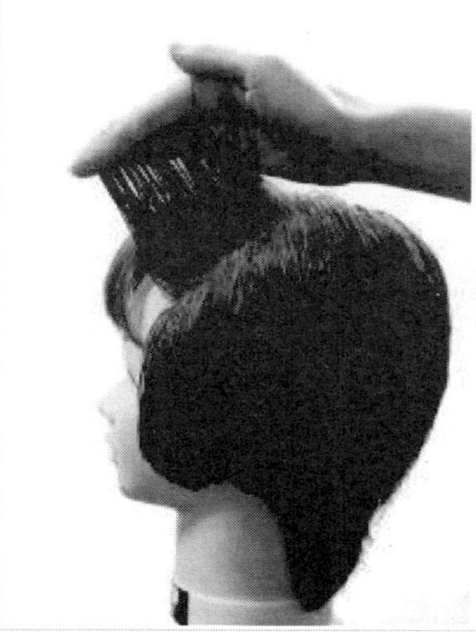

헤어라인의 모발과 연결하여 90°로 들어 직각분배, 온 베이스로 커트한다.

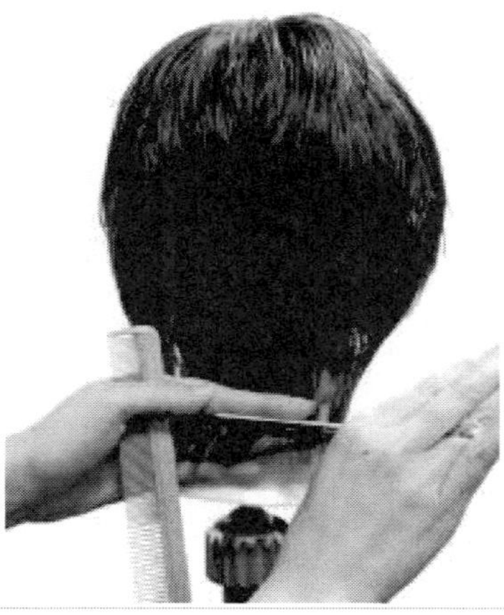

전체적인 선을 정리한다.

구도그래픽 그려보기

나의 작품사진 시술순서 촬영 후 부착하고 설명하기

스타일링 하기

잡지책에서 유니폼 레이어 커트 찾아 스크랩하기

어떤 고객에게 어울리는지 서술하기

Ⅵ-2. 기본형 커트의 이해

2-1. 혼합형 (솔리드+그래쥬에이션)

커트 시술절차	
섹션나누기	정중선, 이어투이어
머리위치	똑바로
슬라이스	방사선, 후대각
분배	자연분배, 직각분배
시술각	0도, 15도, 30도, 45도
손가락과 가위의 위치	평행
디자인라인	고정, 이동

완성작품

정면

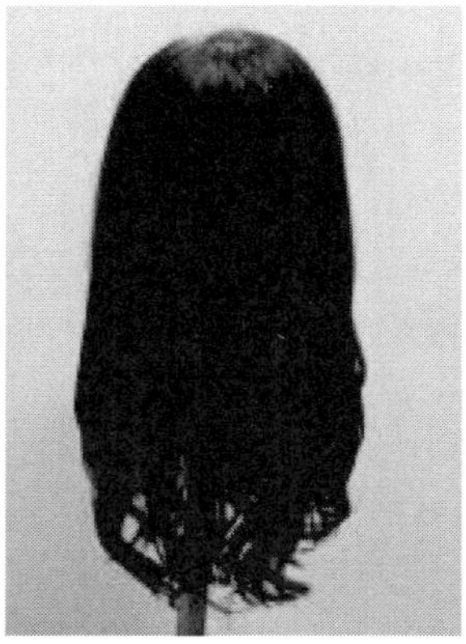

후면

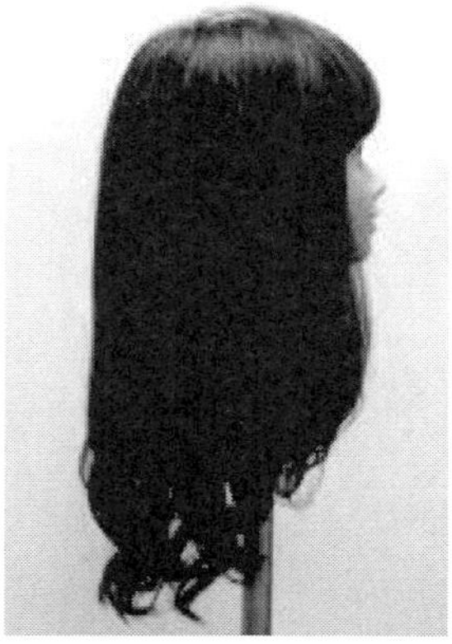

측면

백 파트 시술	내 용
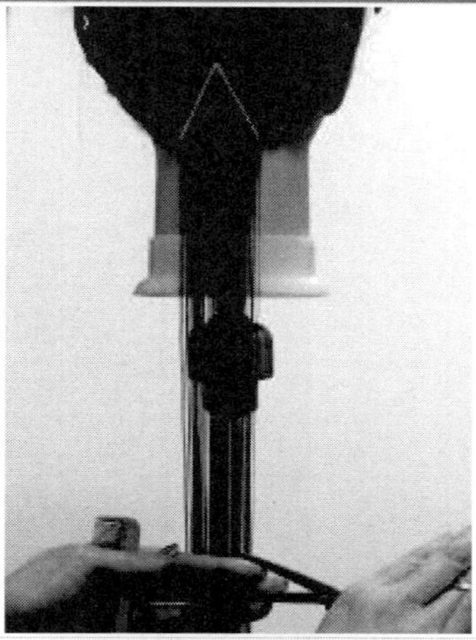	A라인으로 모발을 끌어내어 수평으로 가이드라인을 설정한다.
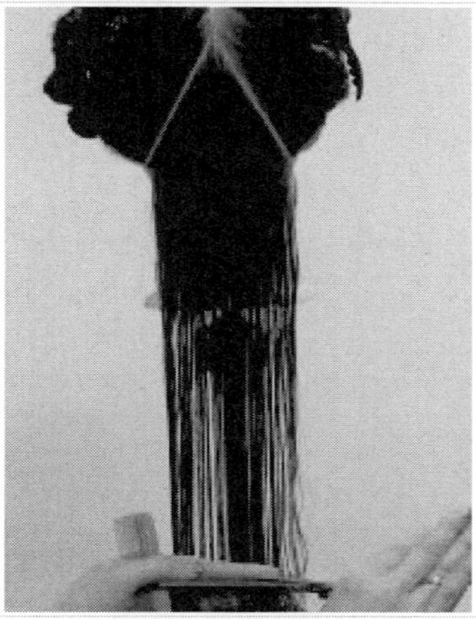	A라인의 슬라이스를 한 후 가이드라인에 맞추어 골든 포인트까지 동일한 방법으로 0°로 커트한다.
	골든 포인트는 방사선으로 빗질하여 커트한다. 이때 어깨가 닿아 커트라인이 달라지지 않도록 얼굴을 약간 커트하는 쪽으로 돌려 커트한다.

사이드는 뒤선과 길이를 선정한 후 후대각 라인의 직각분배 하여 0°로 커트한다.

사이드의 전체 모발을 같은 방법으로 커트한다. 반대편도 동일하게 커트한다.

앞머리는 작은 삼각형으로 길이를 설정하여 두피에 대해 0도로 들어 커트한다.

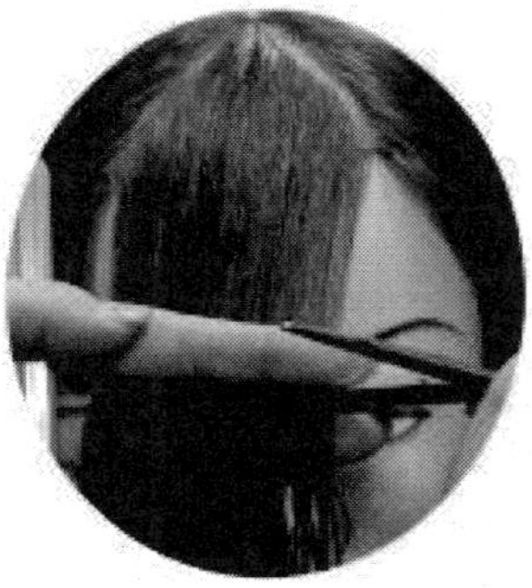

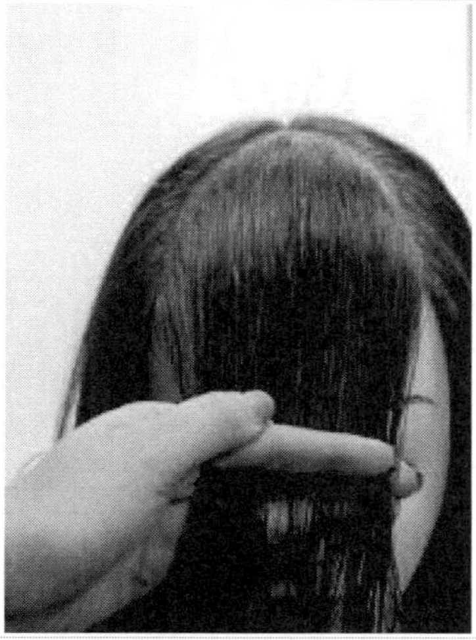	큰 삼각형을 만들어 앞에서 설정한 길이에 맞추어 둥근 라인이 되도록 커트한다.
	모발끝 라인을 가지런히 정리한다.
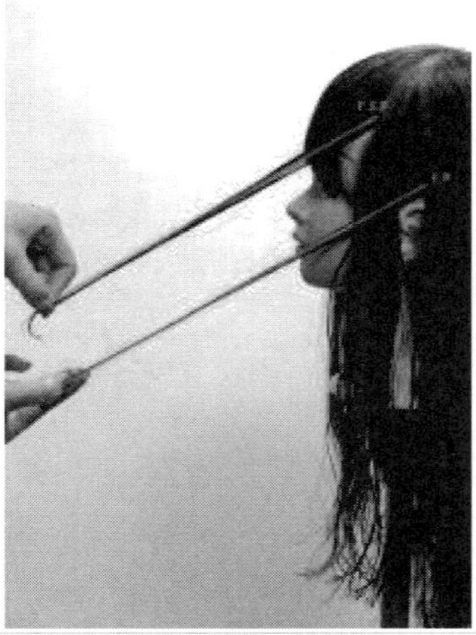	사이드를 사선으로 슬라이스 한 후 후대각, 직각분배의 0도 커트를 한다.

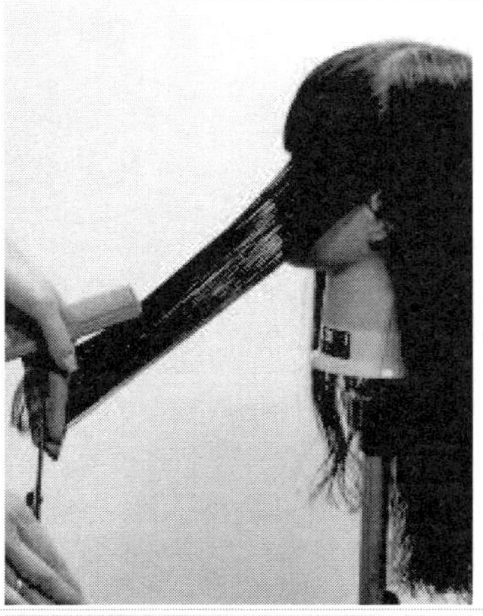

앞에서 설정한 라인에 맞추어 15° 올려 커트한다.

서서히 뒤로 커트를 진행하여 정중선 위 모발까지 동일하게 30° 45°로 점층 각도를 올려 커트한다. 반대쪽도 동일하게 커트한다.

골든 탑에서 프론트 부분을 앞쪽으로 끌어내어 두상의 0°로 들어 튀어나온 부분을 정리한다.

골든 포인트의 모발은 온 베이스로 끌어서 모서리를 제거하면서 양쪽의 길이를 체크한다.

구도그래픽 그려보기

나의 작품사진 시술순서 촬영 후 부착하고 설명하기

스타일링 하기

잡지책에서 유니폼 레이어 커트 찾아 스크랩하기

길이에 따라 커트 후 특징 서술하기

어떤 고객에게 어울리는지 서술하기

2-2. 4가지 커트의 비교·분석하기

구분	솔리드	그래쥬에이션	인크리스레이어	유니폼레이어
모양				
구조그래픽				
질감				
각도				
분배				
손가락위치				
디자인라인				
특징				

Ⅶ 미용사 시험 커트의 유형

1. 스파니엘
2. 이사도라
3. 그레쥬이션
4. 레이어
5. 재커트

Ⅶ. 미용사 시험 커트의 유형

1. 스파니엘

요구사항		배점적용	
시술시간	35분	기본기법 및 자세	4점
기준길이	기준선 10~11cm	시술순서	4점
단차	수평선상의 앞뒤단차 4-5cm	숙련도	4점
길이체크	뒤1선, 5선, 옆1선	작품결과 조화미	8점

커트 시술절차	
브로킹	4등분
머리위치	15° 숙임
슬라이스	A자 형태의 전대각
빗질방향	자연분배
시술각	0°
손가락 위치	평행
콤아웃	안마름

완성작품

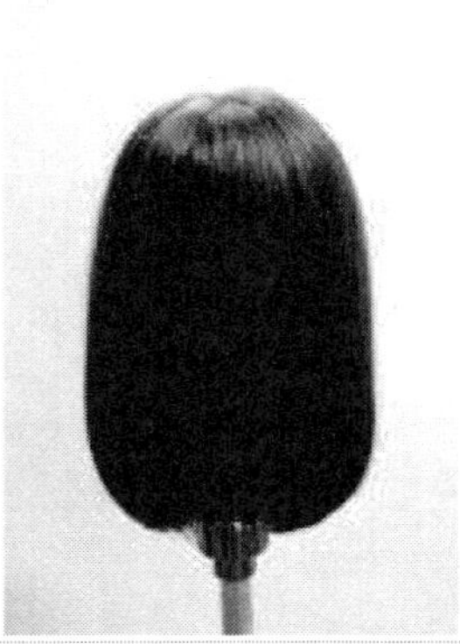

후면

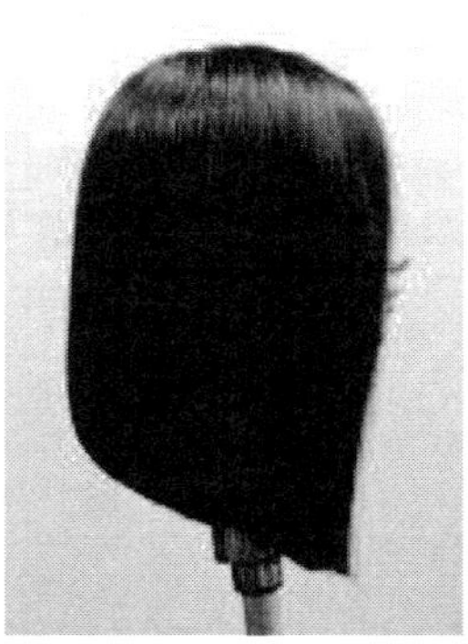

정면	측면

브로킹

정면	후면

오른쪽 측면	왼쪽 측면

슬라이스

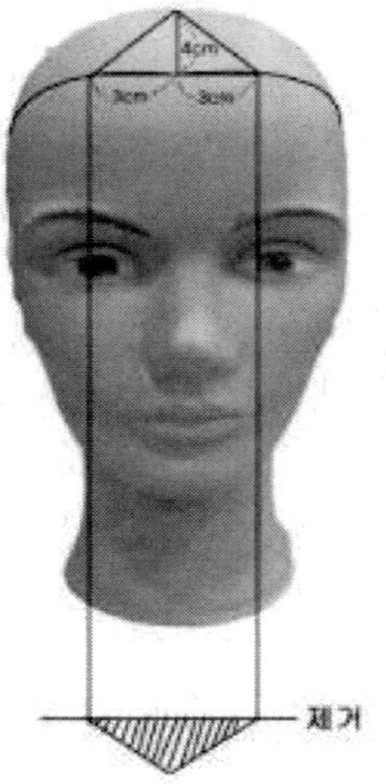	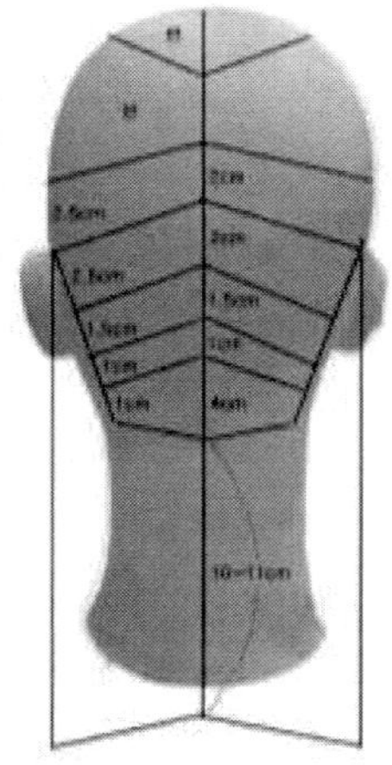
정면	후면
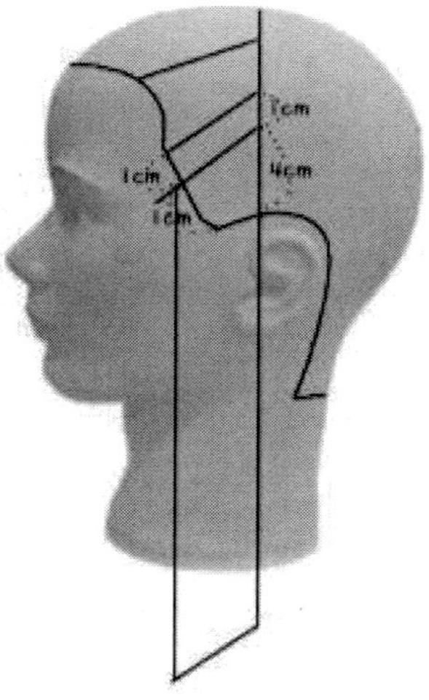	반대쪽 측면도 동일
측면	

시술순서 (백 → 오른쪽 사이드 → 왼쪽 사이드)

백 파트 시술	내 용
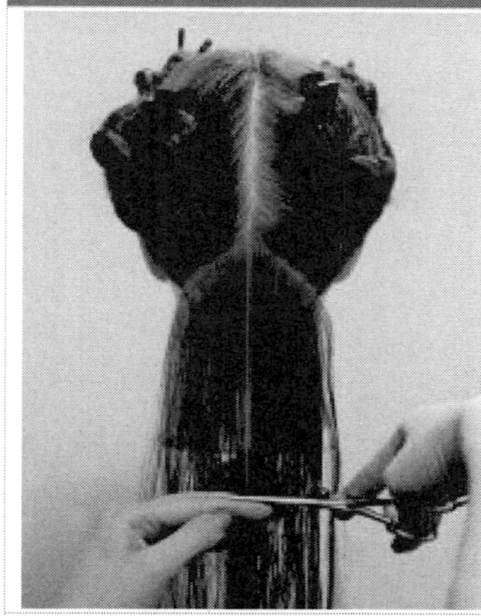	1선은 정중선에서 4cm, 네이프 사이드 1cm에서 슬라이스를 나눈다. 마네킹을 15° 앞으로 숙여 정중선의 모발을 10~11cm지점에서 기준선을 잡는다.
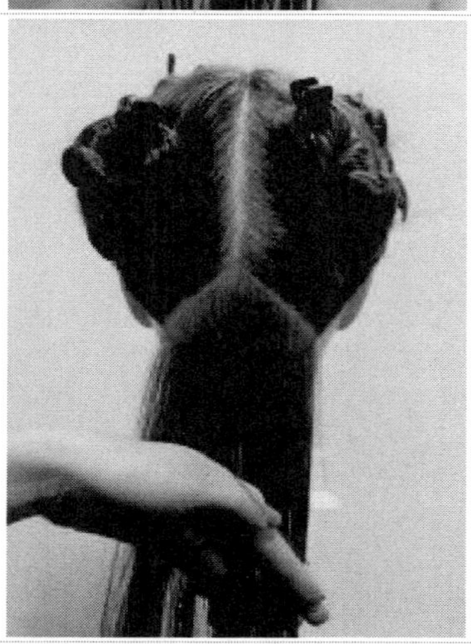	정중선에서 전대각 라인의 사선 모양이 되도록 커트한다. 정중선과 네이프 사이드의 가이드 라인이 3~4cm단차가 되도록 한다. 네이프 사이드 양쪽 모발을 가져와 동일한 길이가 되도록 체크한다.
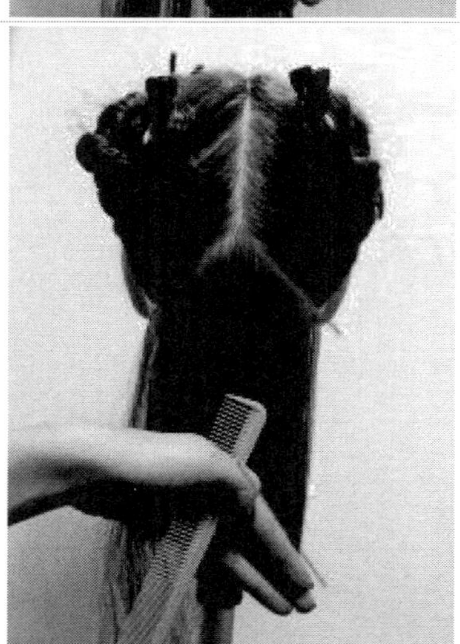	2선은 1cm 간격의 슬라이스를 나눈 후, 가이드 라인에 맞추어 커트한다.

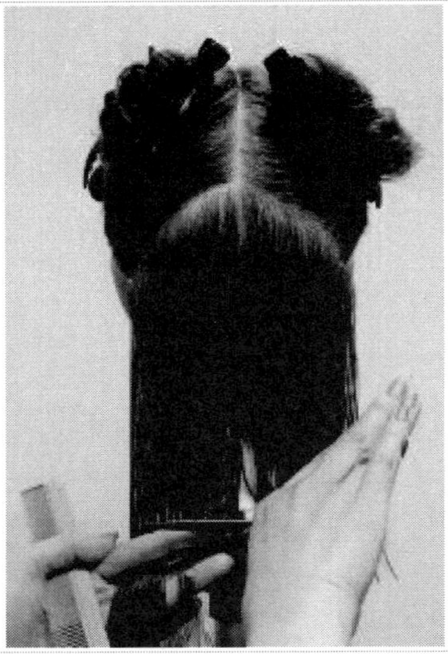	3선은 1.5cm 간격의 슬라이스를 나눈 후, 가이드 라인에 맞추어 커트한다.
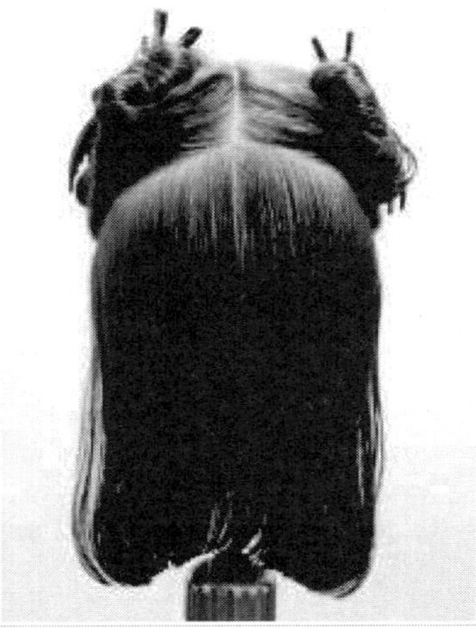	4선은 정중선에서 2.5cm, 사이드에서의 2cm 간격의 슬라이스를 나눈 후, 가이드라인에 맞추어 커트한다. (완만한 U자 형태를 만들기 위해서) 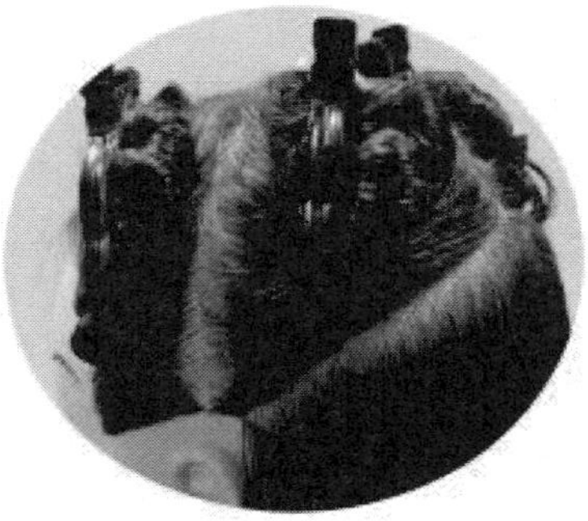
	5선은 정중선에서 2.5cm, 사이드에서의 2cm 간격의 슬라이스를 나눈 후, 가이드라인에 맞추어 커트한다. 이어 포인트가 나온 지점이므로 동일한 길이가 되도록 체크한다.

<table>
<tr><td></td><td>6선과 7선의 모량을 반으로 나눈 뒤, 7선이 반달 모양이 되도록 브로킹 하여 가이드라인에 맞추어 커트한다. 골든 탑 부분의 모발은 방사선으로 자연스럽게 빗질하여 커트한다.
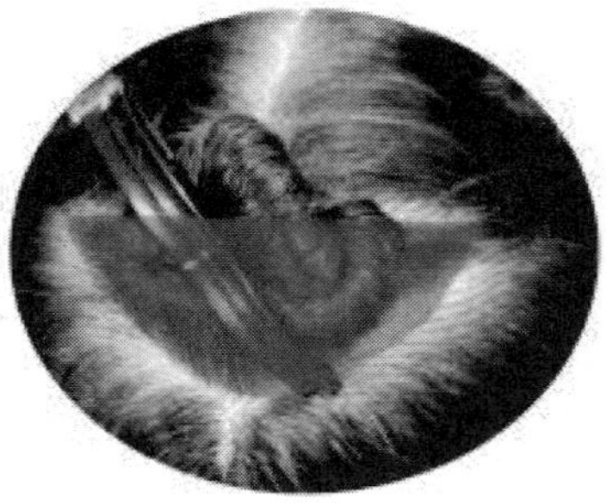</td></tr>
<tr><th>사이드 파트 시술</th><th>내용</th></tr>
<tr><td></td><td>사이드 파트의 1선은 이어 투 이어라인 4cm, 페이스라인 1cm에서 슬라이스를 나눈다. 뒷선까지 전대각의 사선 모양으로 커트하되, 전체단차는 4-5cm 되도록 커트한다. 마네킹의 각도는 정면을 바라보도록 한다.</td></tr>
<tr><td></td><td>2선은 이어 투 이어라인 1cm, 페이스라인 1cm에서 슬라이스를 나눈 후 가이드라인에 맞추어 커트한다.</td></tr>
</table>

3,4선은 모량을 반으로 나눈 후 가이드라인에 맞추어 커트한다. 4선의 모발은 페이스라인을 잡고 고정시켜서 빗질하여 커트한다.(스파니엘은 앞선이 길어지는 커트이므로) 반대쪽도 동일하게 커트한다.

셋팅 준비작업

센터에서 양쪽으로 3cm지점과 정중선 뒤쪽으로 4cm 지점에서 삼각모양을 브로킹 한다. 양쪽 끝 라인에 맞춰 삼각형 모양의 튀어나온 모발을 커트한다.

나의 작품사진 시술순서 촬영 후 부착하고 설명하기

스타일링 하기

2. 이사도라

요구사항		배점사항	
시술시간	35분	기본기법 및 자세	4점
기준길이	기준선 10~11cm	시술순서	4점
단차	수평선상의 앞뒤단차 4-5cm	숙련도	4점
길이체크	뒤1선, 3선, 옆1선	작품결과 조화미	8점

커트 시술절차	
브로킹	4등분
머리위치	15° 숙임
슬라이스	U자 형태의 후대각
빗질방향	자연분배
시술각	0°
손가락 위치	평행
콤아웃	안마름

완성작품

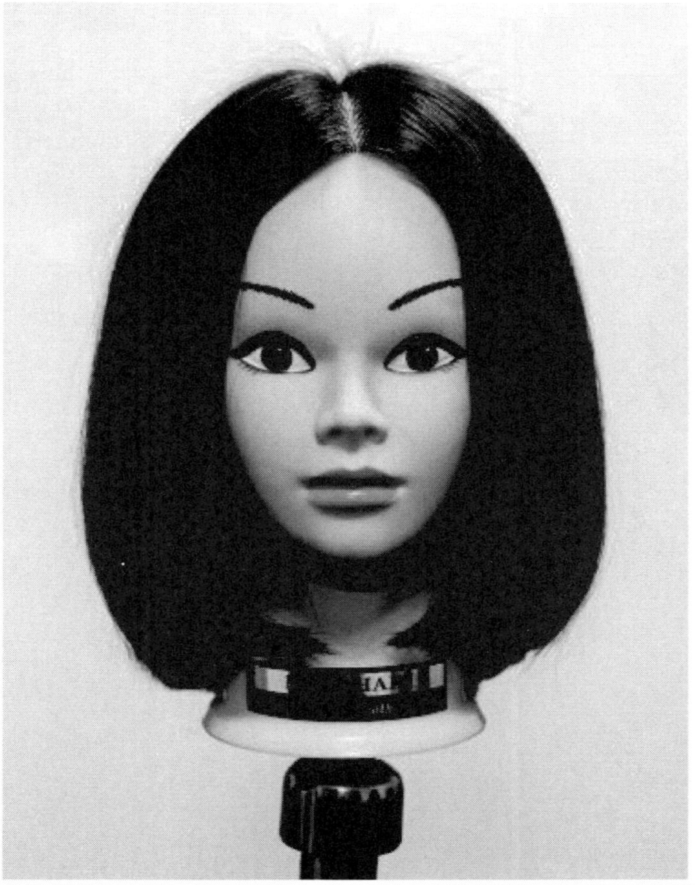

정면

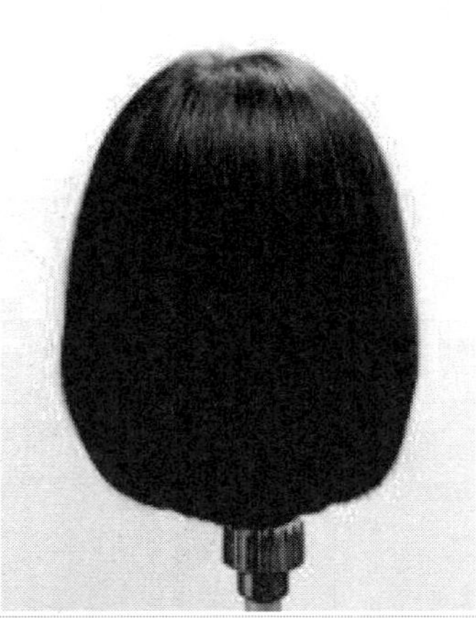

후면

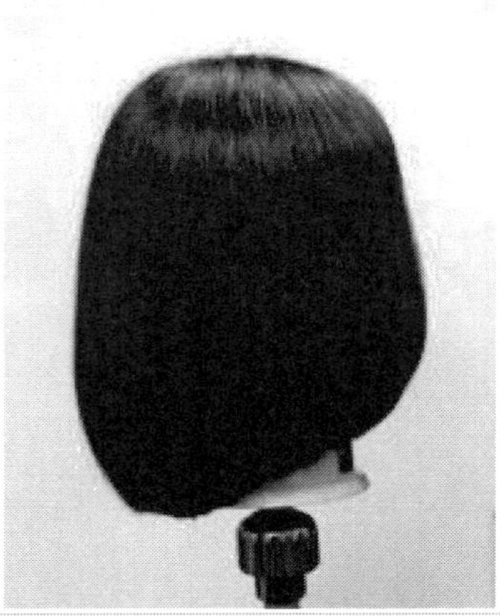

측면

브로킹

	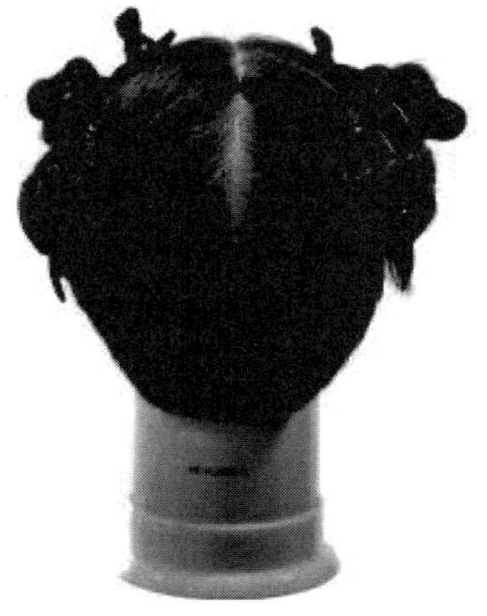
정면	후면

오른쪽 측면	왼쪽 측면

슬라이스

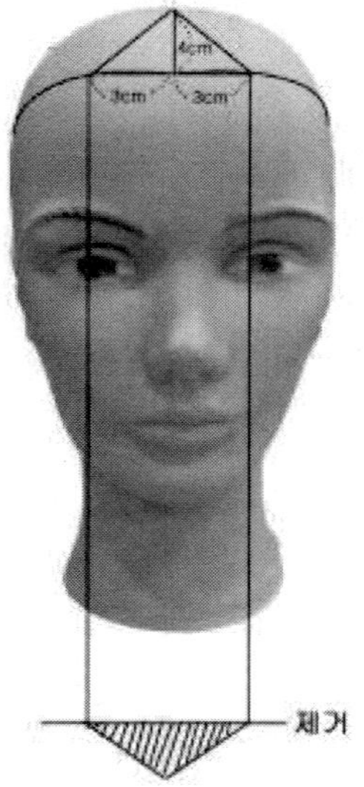	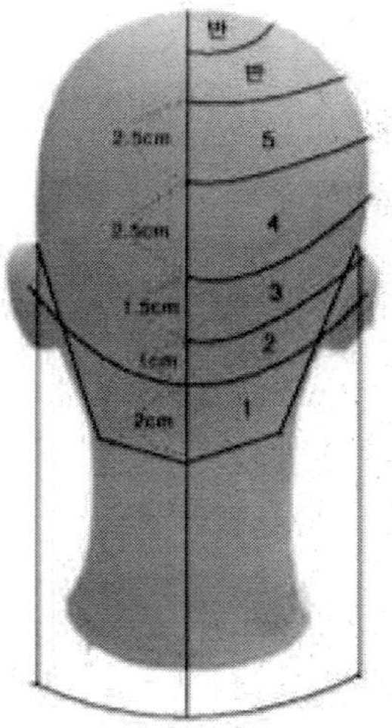
정면	후면
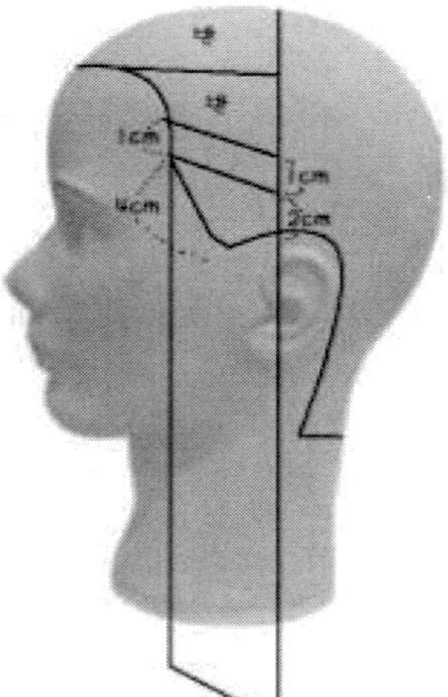	반대쪽 측면도 동일
측면	

시술순서

백 파트 시술	내 용
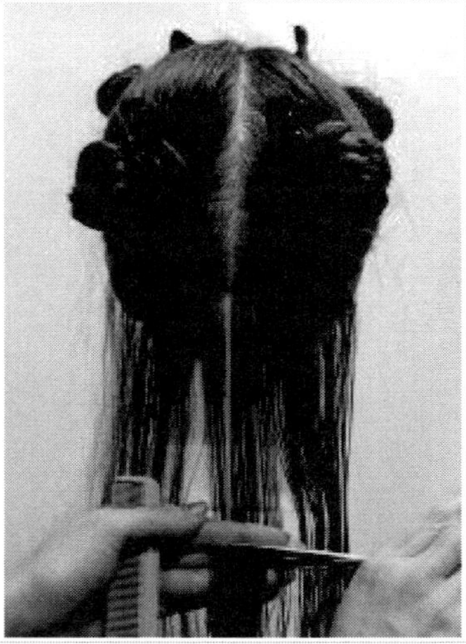	1선은 정중선에서 2cm, 네이프 사이드 4cm에서 슬라이스를 나눈다. 정중선의 모발을 10~11cm 지점에서 기준선을 잡는다.
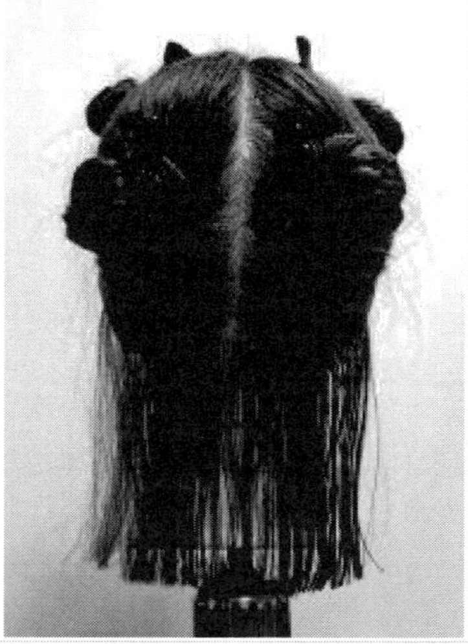	정중선에서 후대각 라인의 사선 모양이 되도록 커트한다. 정중선과 네이프 사이드의 가이드라인이 2~3cm단차가 되도록 한다. 네이프 사이드 양쪽 모발을 가져와 동일한 길이가 되도록 체크한다.
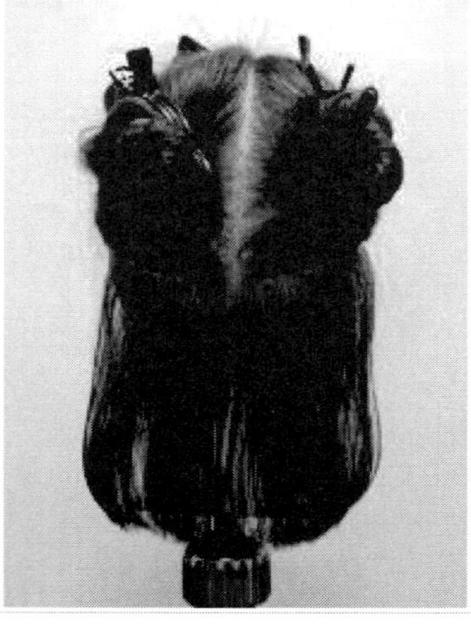	2선은 1cm 간격의 슬라이스를 나눈 후, 가이드라인에 맞추어 커트한다.

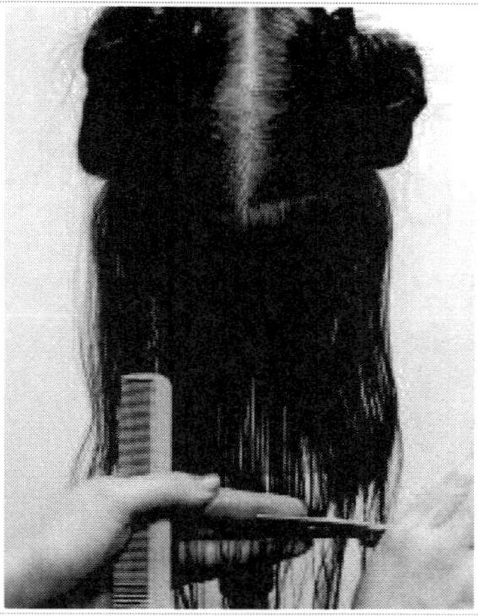

3선은 1.5cm 간격의 슬라이스를 나눈 후, 가이드라인에 맞추어 커트한다. 이어 포인트가 나온 지점이므로 동일한 길이가 되도록 체크한다.

4선은 정중선에서 2.5cm, 사이드에서의 2cm 간격의 슬라이스를 나눈 후, 가이드라인에 맞추어 커트한다.

5선은 정중선에서 2.5cm, 사이드에서의 2cm 간격의 슬라이스를 나눈 후, 가이드라인에 맞추어 커트한다.

<table>
<tr><td></td><td>6선과 7선의 모량을 반으로 나눈 뒤, 7선이 반달모양이 되도록 브로킹 하여 가이드라인에 맞추어 커트한다. 골든 탑 부분의 모발은 방사선으로 자연스럽게 빗질하여 커트한다.
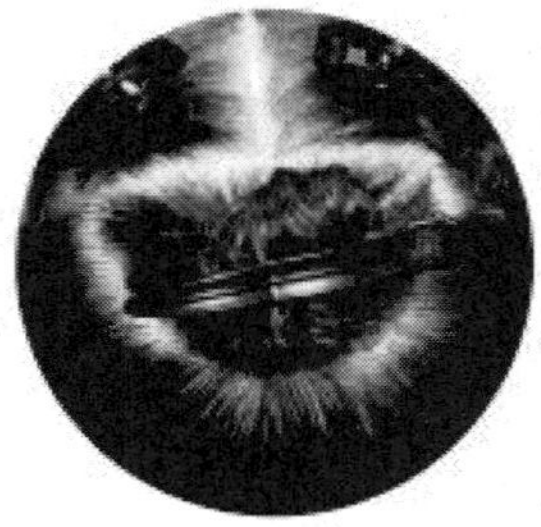</td></tr>
<tr><th>사이드 파트 시술</th><th>내용</th></tr>
<tr><td></td><td>사이드 파트의 1선은 이어 투 이어라인 2cm, 페이스라인 4cm에서 슬라이스를 나눈다. 뒷선까지 후대각의 사선 모양으로 커트하되, 전체단차는 4-5cm 되도록 커트한다. 마네킹의 각도는 정면을 바라보도록 한다.</td></tr>
<tr><td></td><td>2선은 이어 투 이어라인 1cm, 페이스라인 1cm에서 슬라이스를 나눈 후 가이드라인에 맞추어 커트한다.</td></tr>
</table>

3,4선은 모량을 반으로 나눈 후 가이드라인에 맞추어 커트한다. 왼쪽 사이드도 동일하게 커트한다.

셋팅 준비작업

센터에서 양쪽으로 3cm지점과 정중선 뒤쪽으로 4cm 지점에서 삼각모양을 브로킹 한다. 양쪽 끝 라인에 맞춰 삼각형 모양의 튀어나온 모발을 커트한다.

나의 작품사진 시술순서 촬영 후 부착하고 설명하기

스타일링 하기

3. 그레쥬에이션

요구사항		배점적용	
시술시간	35분	기본기법 및 자세	4점
기준길이	기준선 10~11cm	시술순서	4점
단차	층의 높이 4~5cm	숙련도	4점
길이체크	뒤1선,4선,옆1선	작품결과 조화미	8점
커트 시술절차			
브로킹		5등분	
머리위치		앞숙임 똑바로	
슬라이스		수평	
빗질방향		직각분배	
시술각		45°	
손가락 위치		평행	
콤아웃		안마름	

완성작품

정면

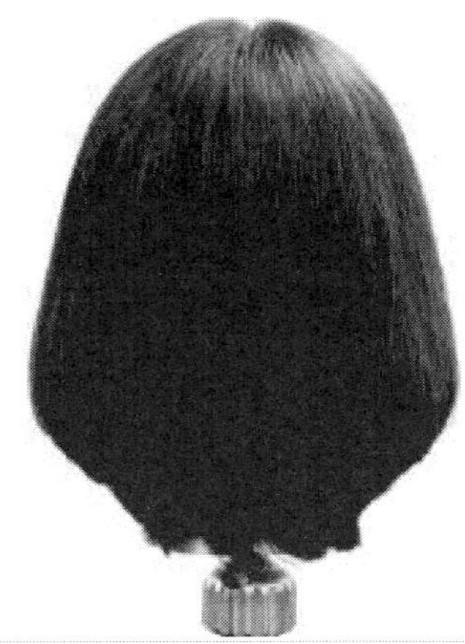

후면

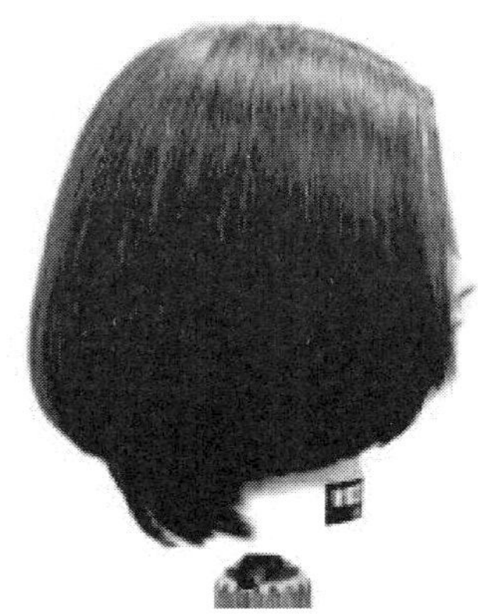

측면

브로킹

	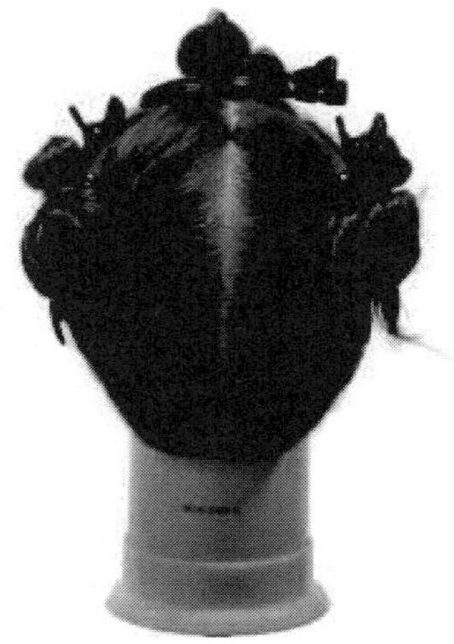
정면	후면
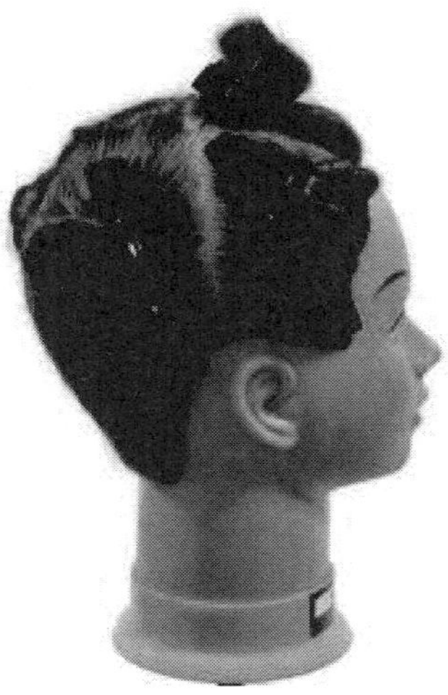	
오른쪽 측면	왼쪽 측면

슬라이스

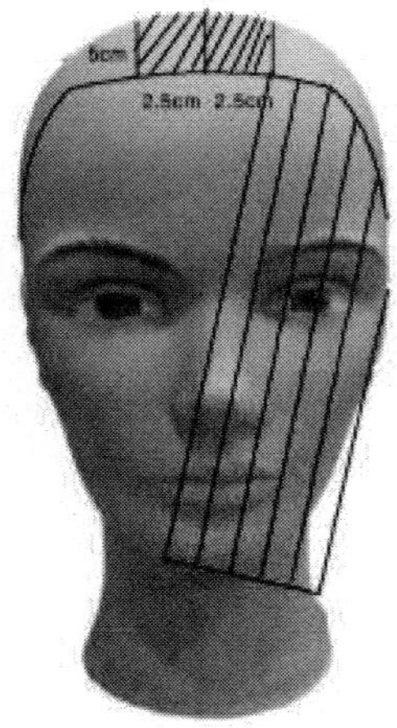	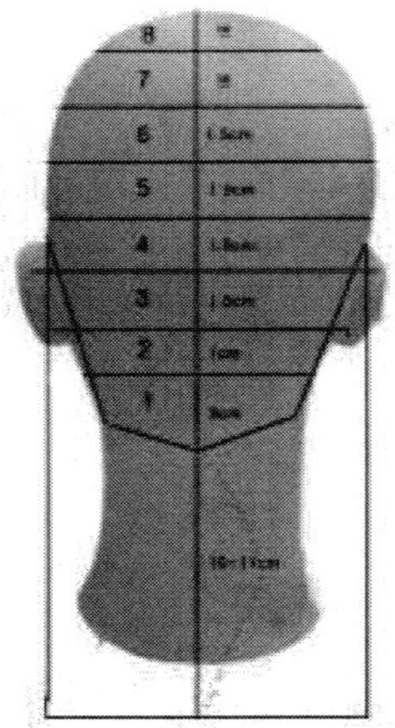
정면	후면
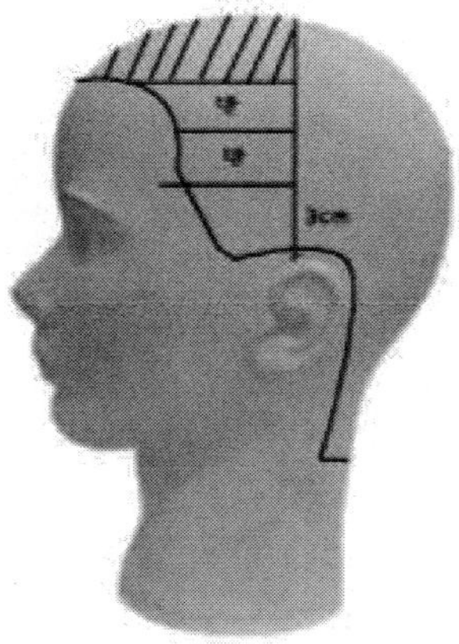	반대쪽 측면도 동일 (선수정)
측면	

시술순서

백 파트 시술	내 용	
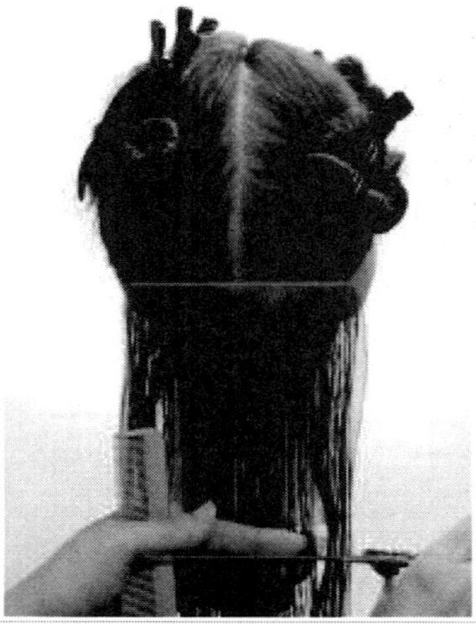	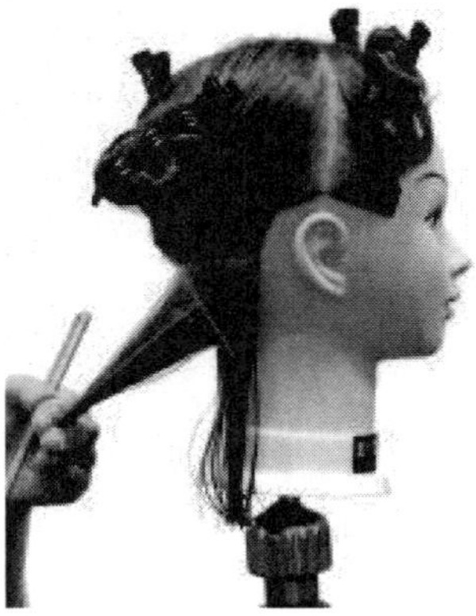	1선은 3cm 수평으로 슬라이스 하여 기준선 10~11 cm로 커트한다. 센터, 오른쪽, 왼쪽 순으로 0° 커트하여 가이드라인을 잡은 후 45°로 커트한다. 두상모양인 둥근형태를 가지므로 둥근라인(Convex)을 가진다.
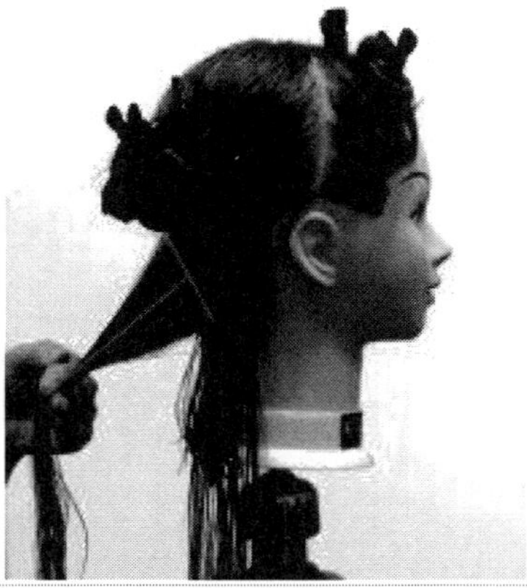	2선은 1cm 수평으로 슬라이스 나눈 후 가이드라인을 맞추어 45°로 커트한다.	

<table>
<tr><td></td><td></td><td>3선~8선은 1.5cm 수평으로 슬라이스 나눈 후 45°로 커트한다. 8선에서는 방사선 방향으로 빗질하여 45° 커트한다. 4~5cm 모발층을 이룬다.</td></tr>
<tr><th>사이드 파트 시술</th><th colspan="2">내 용</th></tr>
<tr><td></td><td colspan="2">3cm 수평으로 슬라이스 하여, 0°로 커트 후 45° 들어서 커트한다.</td></tr>
<tr><td></td><td colspan="2">2~3선은 빗질 시 일정한 텐션 유지하며 45°로 커트한다.</td></tr>
</table>

U 브로킹 파트 시술	내 용
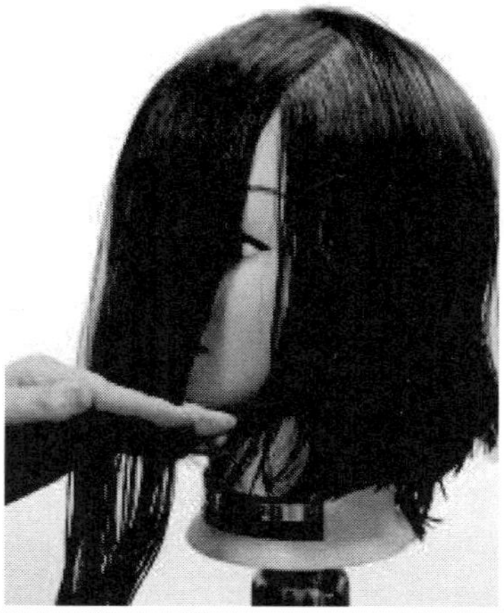	U 브로킹의 모발을 턱에 맞추어 길이를 설정한다.
	설정한 길이에 맞추어 두상의 0°로 들어 커트한다.
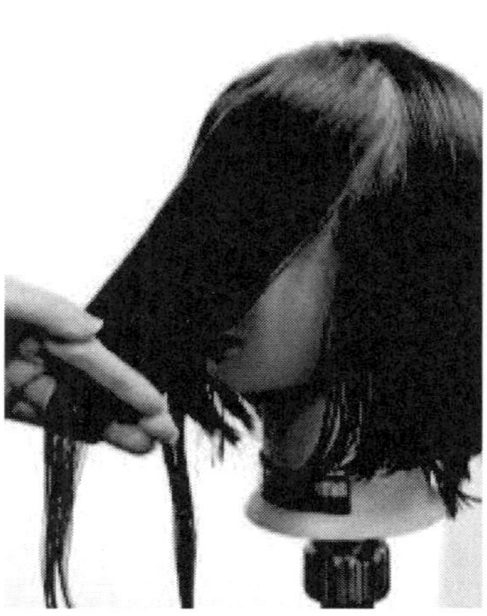	U 브로킹과 사이드 부분과 모발을 연결하여 커트한다.

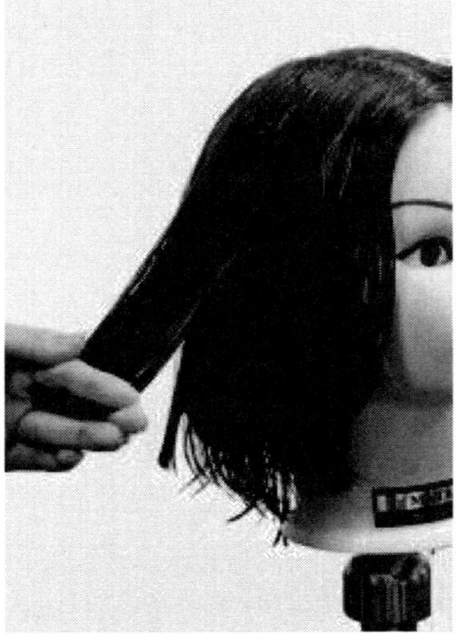

센타를 나눈 후 전체적으로 45°들어서 체크하여 튀어나온 모발이 있으면 제거한다.

나의 작품사진 시술순서 촬영 후 부착하고 설명하기

스타일링 하기

4. 레이어

요구사항		배점적용	
시술시간	35분	기본기법 및 자세	4점
기준길이	기준선 10~11cm	시술순서	4점
단차	수평선상의 앞뒤단차 4~5cm	숙련도	4점
길이체크	뒤1선,2선,옆1선	작품결과 조화미	8점
커트 시술절차			
브로킹		5등분	
머리위치		똑바로	
슬라이스		곡선 피봇(방사선)	
빗질방향		직각분배	
시술각		두상에서 90°	
손가락 위치		평행	
콤아웃		안마름	

완성작품

정면

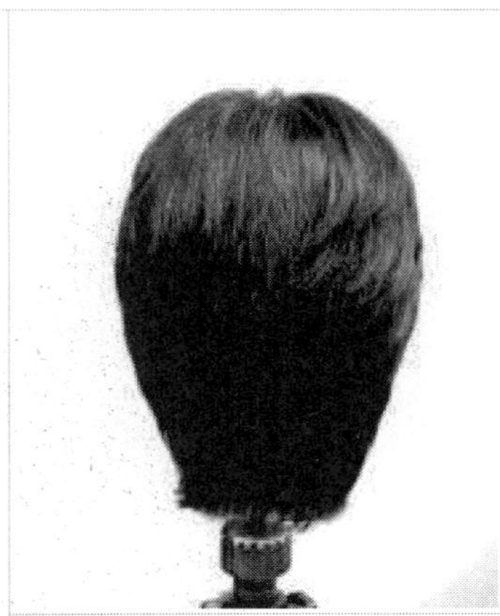

후면

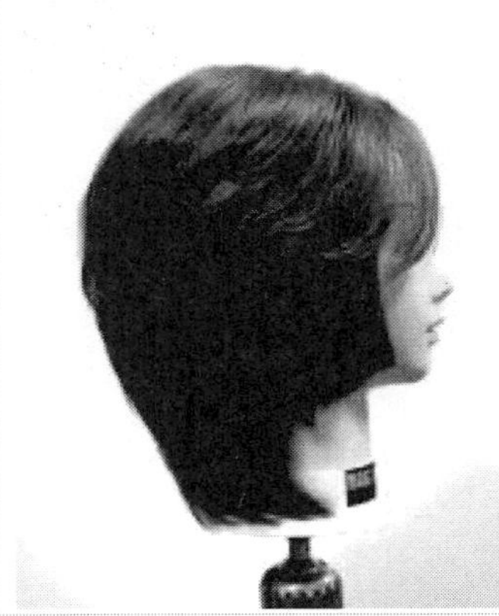

측면

브로킹

	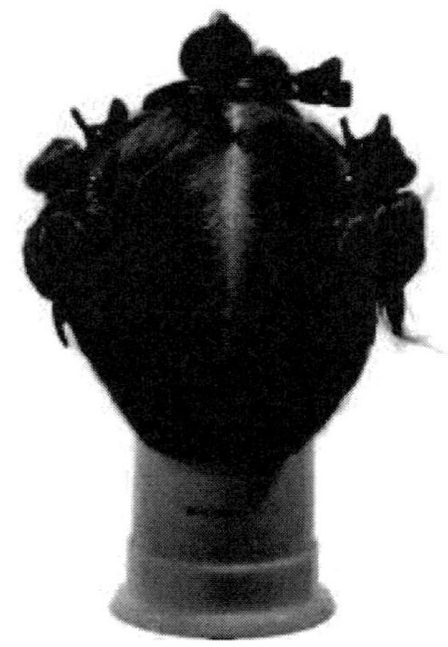
정면	후면
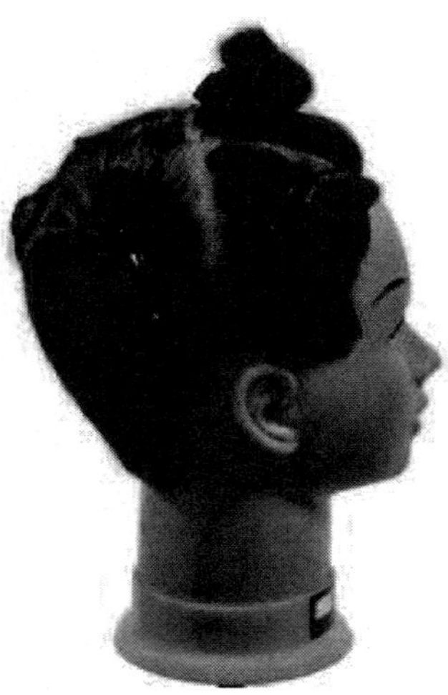	
오른쪽 측면	왼쪽 측면

슬라이스

<table>
<tr><td>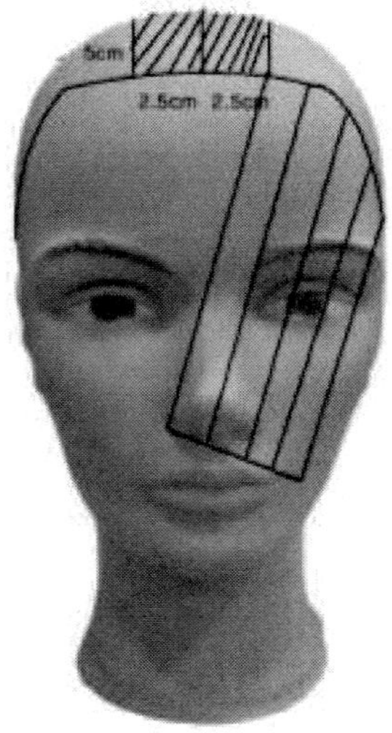
</td><td>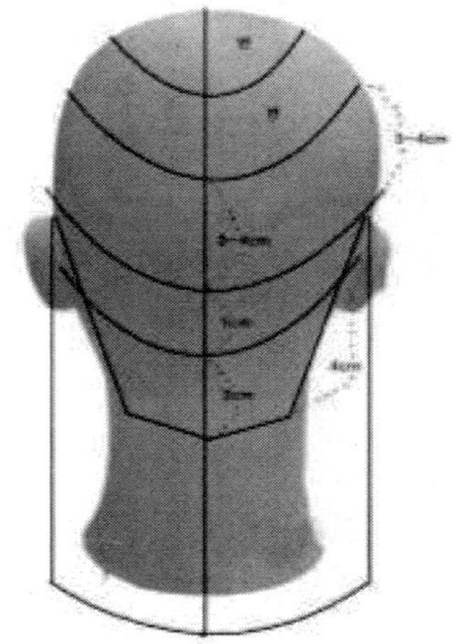</td></tr>
<tr><td>정면</td><td>후면</td></tr>
<tr><td>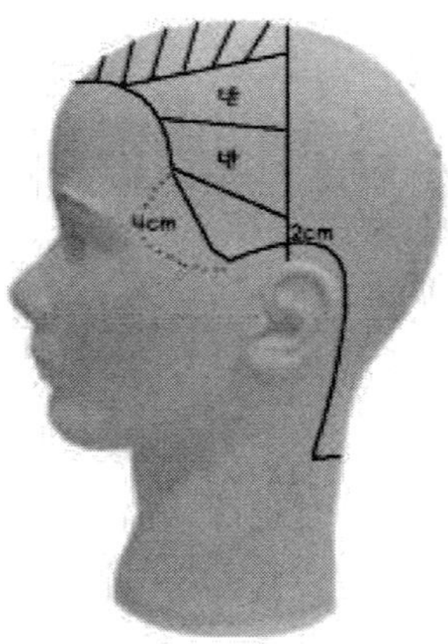
</td><td>반대쪽 측면도 동일
(정면 선, 측면 수정)</td></tr>
<tr><td>측면</td><td></td></tr>
</table>

시술순서

백 파트 시술		내 용
		5등분 브로킹 후에 1선은 정중선 2cm, 네이프 사이드 4cm로 슬라이스 한다. 자연분배 하여 0°로 U자 모양으로 커트한 후 45° 각도로 들어서 다시 커트 한다.
		2선은 정중선은 2cm, 이어 포인트 타고 1cm, 슬라이스 하여 65° 들어서 커트한다.
		3선은 2~3cm간격으로 슬라이스 한 후 65°로 커트 한다.

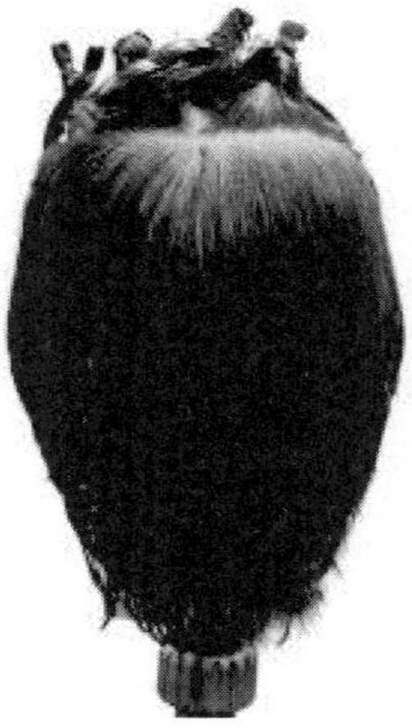

4선과 5선은 반으로 나누되 반달모양으로 슬라이스 하여 버티컬 섹션으로 온 베이스 하여 두상의 대한 90°로 커트한다.

5선은 탑에서 90°로 들어 14cm 가이드라인을 정한 후 피봇 파팅 하여 90° 온 베이스로 커트한다.

사이드는 2cm, 4cm 후 대각 라인으로 슬라이스 하여 0도로 커트한 후, 45° 들어서 커트한다.

2,3선은 모량을 반으로 나누어 같은 구간과 연결하여 90도로 들어 커트한다. 반대편도 동일하게 커트한다.

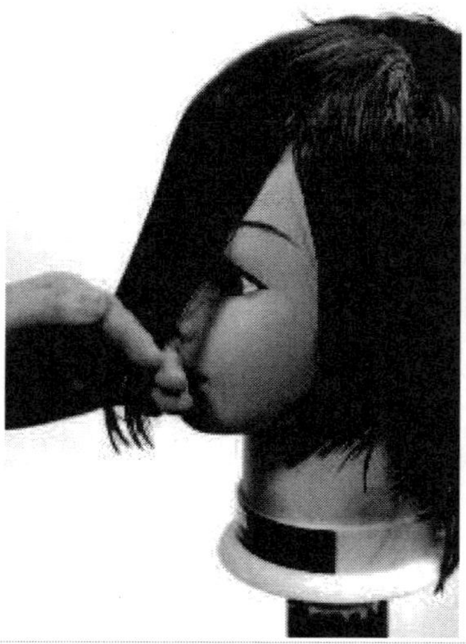
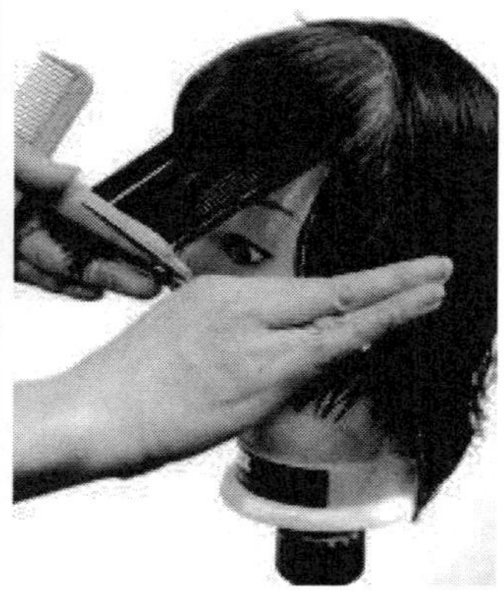

탑 부분은 마네킹 코에 맞추어 가이드라인을 잡고 두상의 0도로 들어 커트한다. 옆선과 연결하여 커트한다.

뒷 5선에서 길이설정한 14cm와 헤어라인과 90°로 연결한 후 방사선으로 전체적으로 90°로 커트한다.

5. 재커트

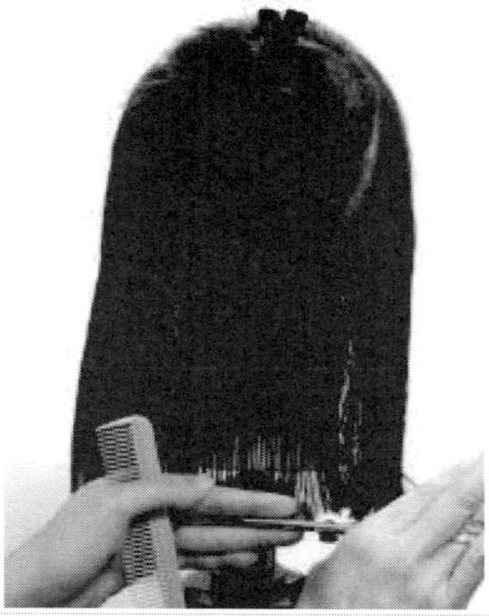

헤어라인의 4~5cm정도를 남기고 동그란 모양의 브로킹을 한 후 기준선의 길이로 동그란 라인이 되도록 0°로 커트하여 가이드라인을 설정한다.

가이드라인에 맞추어 45° 들어서 커트한다.

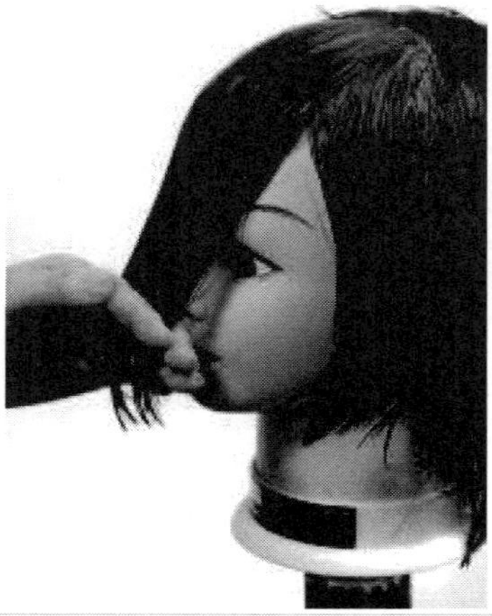

앞부분은 인중에 맞추어 커트한다.

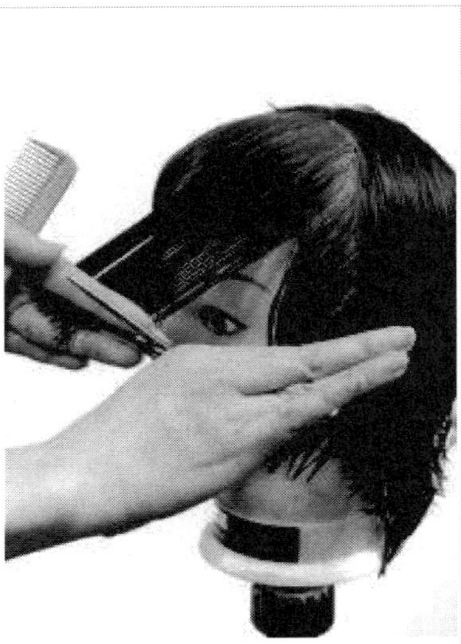

헤어라인을 옆선과 맞추어 둥근 형태로 커트한다.

탑 부분을 14cm 기준 길이로 선정하여 커트한다.

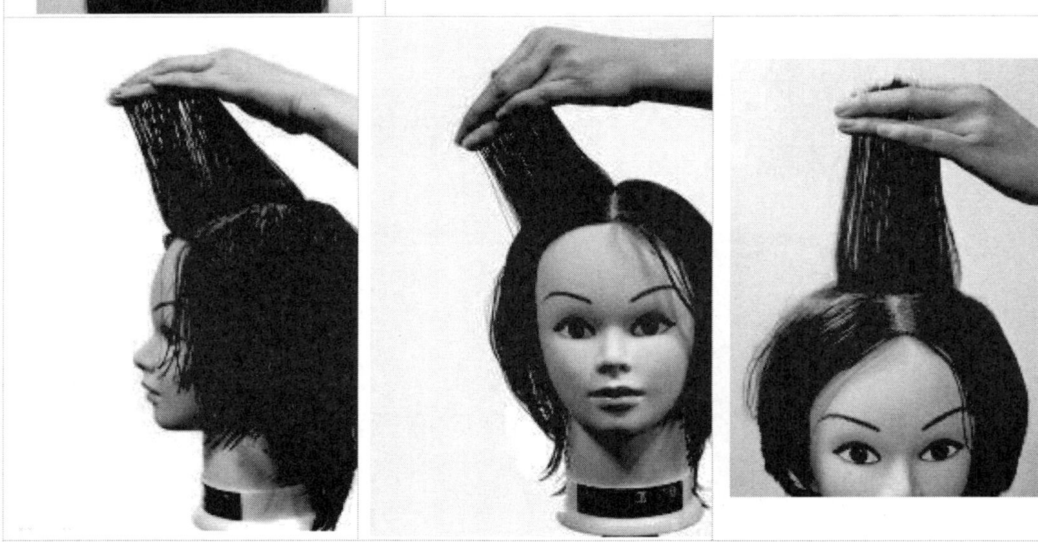

탑부분 모발을 앞선에 연결해서 방사형으로 커트한다. 전체적을 두상의 90도로 들어서 커트한다.

나의 작품사진 시술순서 촬영 후 부착하고 설명하기

스타일링 하기

참고문헌

동서양 미용문화사 현문사 김춘득

C.C.C 베이직 커트, 국제헤어디자인연구회, 청구문화사, 2012.3.10개정

기초커트 Basic Cut, 김서희, 정선숙, 솔기획, 2007.3.15.

C.C.C. HAIR CUT, 김영미외 8명, 청구문화사, 2003.12.30.

La Coupe, 조정혜외 6명, 훈민사, 2005.8.30.

미용실기, 한국산업인력공단, 2008.12.19.

Hair Sculpture Ladies, PIVOT POINT, 2002.

커트입문, 다카사와 미쓰히코, 가미쇼코리아, 2014.7.21

심플커트, 다카사와 미쓰히코, 가미쇼코리아, 2014.9.25.

미용문화사, 김옥연외 7명, 지구문화사, 2014.9.1.

판권
소유

Basic Cut

2016년 3월 10일 초판발행
2018년 3월 10일 초판2쇄발행
2020년 4월 10일 초판3쇄발행

지은이 : 지정훈, 김선영
펴낸이 : 이상태
펴낸곳 : 청구문화사
03706 서울특별시 서대문구 성산로11길 15
전 화 : 02) 332-0541(代) FAX : 02) 337-9577
등 록 : 1990년 11월 2일 제9-247호

정가 18,000원

ISBN 978-89-5616-697-1 93590